大数据特征降维

——粗糙集特征选择的群智能方法及应用研究

胡玉荣　著

中国水利水电出版社
www.waterpub.com.cn
·北京·

内 容 提 要

本书从高维大数据的特征降维出发，指出大数据时代粗糙集特征选择面临的挑战，介绍了群智能算法的独特优势和存在的问题，对粗糙集和群智能的理论与经典算法进行了总结归纳并提出一种基于群智能和粗糙集的特征选择框架，依据此框架设计相关特征选择算法，应用于银行个人信用评分系统与高维数据集进行特征降维。

本书可供从事机器学习和大数据挖掘的高校教师、研究生、科研院所的科研人员及有关工程技术人员使用。

图书在版编目（CIP）数据

大数据特征降维 ：粗糙集特征选择的群智能方法及应用研究 / 胡玉荣著. -- 北京 ：中国水利水电出版社，2019.1（2025.4重印）

ISBN 978-7-5170-7363-5

Ⅰ. ①大… Ⅱ. ①胡… Ⅲ. ①数据采集－研究 Ⅳ. ①TP274

中国版本图书馆CIP数据核字(2019)第016070号

策划编辑：杨庆川　责任编辑：杨元泓　加工编辑：王开云　封面设计：李　佳

书　名	大数据特征降维——粗糙集特征选择的群智能方法及应用研究 DASHUJU TEZHENG JIANGWEI——CUCAOJI TEZHENG XUANZE DE QUNZHINENG FANGFA JI YINGYONG YANJIU
作　者	胡玉荣　著
出版发行	中国水利水电出版社 （北京市海淀区玉渊潭南路 1 号 D 座　100038） 网址：www.waterpub.com.cn E-mail：mchannel@263.net（万水） sales@waterpub.com.cn 电话：（010）68367658（营销中心）、82562819（万水）
经　售	全国各地新华书店和相关出版物销售网点
排　版	北京万水电子信息有限公司
印　刷	三河市元兴印务有限公司
规　格	170mm×240mm　16 开本　12.25 印张　230 千字
版　次	2019 年 4 月第 1 版　2025 年 4 月第 4 次印刷
定　价	55.00 元

前　言

伴随着科技新浪潮，计算机和互联网技术日益普及，大数据时代已悄然来临。大数据正在成为重要的战略资源，对大数据进行分析与挖掘是其发展的关键。如何降低数据的维度、避免“维数灾难”是数据挖掘工作的重中之重。随着描述数据的特征维数越来越高，大量针对降维提出的粗糙集特征选择算法面临严峻挑战。群智能方法是一种新型智能优化方法，具有协作性、简单性和分布性等特点，已在粗糙集特征选择中崭露头角，并彰显出独特优势。然而，群智能方法还有一些主要问题需要解决：早熟问题广泛存在不容忽视；对于大规模优化问题，算法后期容易出现停滞；参数多凭经验设置，对具体问题和应用环境依赖性大。

因此，如何对高维大数据进行特征选择是一项充满挑战的艰巨任务。本书针对群智能的这些问题及其在粗糙集特征选择中的应用进行了研究。本书第 1 章为绪论，介绍特征选择的概况、研究背景和研究现状。第 2 章针对粗糙集和群智能的理论和经典算法进行了总结归纳，并提出一种基于群智能和粗糙集的特征选择框架。第 3 至 5 章，依据此框架，提出三种基于群智能和粗糙集的特征选择算法。第 6 至 7 章，将三种算法应用于银行个人信用评分系统与高维数据集进行特征降维。第 8 章进行总结和展望。

本书理论与应用相结合，力求成为从事机器学习和大数据挖掘的高校教师、研究生、科研院所的科研人员及有关工程技术人员的参考书。全书由作者独撰，共二十三万字。本书的编写受到了荆楚理工学院引进人才科研启动金项目“面向高维大数据特征降维的群智能优化算法及相关问题研究”（编号：QDB201605）的资助。在此，表示感谢！

由于作者水平有限，书中难免存在不足之处，望广大读者给予批评和指正。

作者

2018 年 8 月

目　　录

第 1 章 绪论

1.1 本书研究背景

伴随着科技新浪潮，计算机和互联网技术日益普及，大数据时代已悄然来临。大数据即海量信息，由于数据的采集和存储变得更为便利和快捷，我们生活的世界每天产生的数据呈爆炸式增长。美国互联网数据中心的资料显示，每年在互联网上的数据以 50%的比例增长。每时每刻，海量数据都在源源不断地产生。

2011 年 2 月，《Science》杂志在社论中指出，“数据推动着科学的发展”[1]。2013 年 3 月 5 日，出席全国两会的人大代表、安徽移动总经理郑杰建议将“发展大数据”上升到国家战略。他认为，发展大数据技术的关键并不仅仅是对海量数据的掌握，最重要的是如何专业化地处理这些有意义的数据。2013 年 3 月 29 日倪光南院士在武汉大学“云计算与软件服务工程创新发展高峰论坛”上作《迎接大数据时代的来临》的报告，他认为，大量产生的数据加上云计算的发展，为大数据提供了合适的环境和处理能力，推动了数据挖掘、商业智能向大数据发展。数据挖掘就是为解决这一问题而产生的研究领域，它是从存放在数据库、数据仓库或其他信息库的大量数据中“挖掘”有趣知识的过程[2]。

在数据挖掘中，描述数据的特征维数越来越高，然而其中大部分特征可能和挖掘任务不相关或特征之间存在相互冗余，使得数据挖掘中学习算法的时空复杂度增高、效果变差，这种现象被称为“维数灾难”。面对“维数灾难”，如何降低维数显得非常迫切，特征选择就是一种有效的降维方法。通过特征选择，消除数据中的无关和冗余特征，不仅可以提高从大量数据中发现知识的效率，而且能够改善后期得到的分类器性能。因此，特征选择成为数据挖掘中的重要研究分支。

现实世界中的数据纷繁复杂，不可避免地存在大量的噪声、不相关和不一致性，因此，对特征选择的要求不断提高。粗糙集（Rough Set，RS）[3]理论是波兰科学院 Z.Pawlak 院士于 1982 年提出的，是一种相对较新的软计算工具，能够处理不确定和不精确信息。它在特征选择算法中得到广泛应用，已逐渐成为一种重要的特征选择理论框架。基于粗糙集的特征选择，要求最终得到的特征子集，不仅其分类能力与原始特征集合的分类能力一致，而且具有最少的基数。

自 Z.Pawlark 教授提出粗糙集理论以来，经过短短 30 余年的发展，涌现出大量基于粗糙集的特征选择算法，根据其采用搜索方法的不同，可分为三大类：穷举法、启发式方法和随机方法。穷举法[4-7]，是指首先求出所有满足要求的特征子集，然后从中选取具有最少基数的特征子集。很明显，这种解决问题的方法并不适合于大规模数据集。已经有文献证明，求出所有满足要求的特征子集是一个NP-难问题[8]。因此，就必须考虑启发式方法。启发式方法[9-17]从一个特定的特征集合（空集或全集）出发，使用启发式信息来引导特征选择过程，不断添加或删除特征，直至得到满足要求的特征子集。如果数据中含有的噪声和特征数目不多，那么启发式方法效果较好，能得到较优的特征子集，但无法确保得到最优特征子集。随机方法[18-23]主要利用遗传算法等随机算法健壮的搜索能力来产生最优特征子集，虽然能够提供一个更好的特征选择解决方案，但是操作比较耗时，而且也无法保证每次都能得到最优特征子集。

综上所述，这三类方法中能够确保得到最优特征子集的只有穷举法，但穷举法需要求出所有满足要求的特征子集，计算复杂度高，需要消耗大量时间，所以不适合处理大数据集；启发式方法和随机方法操作简单，运行速度较快，但却无法保证得到最优特征子集。因此，探索更有效的特征选择算法势在必行。

群智能（Swarm Intelligence，SI）[24]是指无智能或具有简单智能的个体组织在一起，如蚁群、鸟群和蜂群等，通过相互之间的协作而表现出智能行为的特性。群智能方法是近年发展起来的新型仿生智能优化算法，受到研究者的广泛关注，已经成为人工智能、数据挖掘、社会经济以及生物等交叉学科的研究热点。

群智能中的代表性算法如：蚁群优化（Ant Colony Optimization，ACO）算法[25]、粒子群优化（Particle Swarm Optimization，PSO）算法[26]和人工蜂群（Artificial Bee Colony，ABC）算法[27]等，自20世纪末提出以来，已经广泛应用于人工智能、数据挖掘和工业生产等领域。大量文献证明其能够解决不同领域的问题，特别在解决许多问题时表现出比传统优化算法更好的性能。群智能方法和人类社会经济生活紧密相关，拥有广阔的市场前景，无论是从理论研究还是应用研究的角度，对群智能方法进行研究都具有重要的学术意义和现实价值[28]。

在基于粗糙集的特征选择过程中，群智能方法已经崭露头角，并彰显出独特的优势。然而，群智能方法还有一些主要问题需要解决：早熟问题广泛存在不容忽视；对于大规模优化问题，算法后期容易出现停滞；参数多凭经验设置，对具体问题和应用环境依赖性大。

本书在群智能的代表性算法中，选取ACO算法、PSO算法和ABC算法，深入研究它们在基于粗糙集的特征选择中的应用。原因在于，ACO算法擅长处理组合优化问题，而特征选择本质上就是一个组合优化问题；PSO算法在离散空间的优化方面较为成熟；ABC算法的研究始于2005年，才刚刚起步，方兴未艾，发展空间很大。

因此，本书以粗糙集特征选择为基础，重点研究群智能方法及其在粗糙集特征选择中的应用。充分发挥群智能方法的寻优能力来搜索最优特征子集，同时利用粗糙集的计算能力来评价特征子集的优劣，两者有机结合，优势互补，促使特征选择朝着特征子集分类能力最强、基数最少的方向前进，不断逼近全局最优解。群智能方法在粗糙集特征选择中的应用，为特征选择的研究提供了一种有效的解决方案，注入了新的活力，顺应了时代发展的要求，理论意义和应用价值都非常巨大。

1.2 特征选择概述

特征选择是根据特定的评价标准从原始特征集合中选择一部分特征构成一个特征子集，该特征子集能够保持原始特征集合的分类能力，同时只包含原始特征集中最少的特征[29]。通过特征选择，删除原始特征集合中大量的无关和冗余特征，不仅可以降维，解决“维数灾难”问题，而且选择后的结果更易于理解。

根据是否在数据样本中包含分类标签，特征选择可以分为三种类型：有监督特征选择、无监督特征选择和半监督特征选择。有监督特征选择是指数据样本中包含分类标签，而且该分类信息将用以指导整个特征选择过程。目前，有监督特征选择已经成为特征选择领域的主流研究方向，其得到的特征子集不仅分类能力强，而且包含的特征数目少。无监督特征选择是指数据样本中不包含分类标签，整个特征选择过程仅利用数据本身具有的内在关系，通过一些特征评价指标来进行特征选择。半监督特征选择介于两者之间，其数据样本中既有少量包含分类标签的样本(称为已标记样本)，又有大量不包含分类标签的样本(称为未标记样本)。首先对已标记样本集采用有监督特征选择，利用其分类信息指导特征选择过程得到特征子集，然后结合未标记样本集对该特征子集作进一步地选择或评价。本书研究有监督特征选择问题。

特征选择的本质是一个组合优化问题。从大小为 n 的特征集合中选择一个最优特征子集，其搜索空间可达 2^n-1。因此，特征选择中采取何种搜索策略是非常重要的。用于特征子集搜索的主要策略如下：

（1）全局最优搜索策略：包括穷举法和分支定界法。穷举法可以搜索到所有的特征子集，但计算量大，尤其特征数较多时几乎不可行。Narendra 和 Fukunaga[30]提出的分支定界法以及 Chen[31]提出的改进方法，均通过剪枝策略减少计算量，而且其具有回溯功能，可以涵盖所有的特征组合，但算法复杂性仍然较高，并且要求评价函数具有单调性。

（2）启发式（或序列）搜索策略：在搜索过程中，将特征依据一定的次序，不断向当前特征子集进行添加或剔除，直至得到优化特征子集。比较典型的有Whitney[32]提出的前向搜索，Marill 和 Green[33]提出的后向搜索，Stearnsl[34]提出向前加 l 个特征和向后减 r 个特征进行前后相结合的浮动搜索等等。启发式搜索较容易实现，计算复杂度相对较小，但容易陷入局部最优。

（3）随机搜索策略：首先随机产生一些候选特征子集，然后依照一定的启发式信息和规则不断对其更新，直至逐步逼近全局最优解。例如：禁忌搜索[35]、模拟退火法[36]和遗传算法[37]等等。随机搜索策略计算量大，所需时间长。

上述三种搜索策略各有所长，也各有所短，需要在实际应用时，根据具体情况进行选择。全局最优搜索策略适合特征数目较少的数据集；启发式搜索策略速度快，但不一定能够得到最优特征子集；随机搜索策略介于两者之间。

特征选择方法依据是否独立于后续学习算法，可分为 Filter 方法[38]、Wrapper 方法[39]和 Embedded 方法[40]三类，其中 Filter 方法和 Wrapper 方法最常用。Filter 方法独立于后续学习算法，仅按照特征的重要性来构造特征子集，其关键是特征重要性的定义。常用的特征重要性计算方法有卡方检验、信息增益、基尼系数等[41]。Filter 方法需要一个阈值作为特征选择的停止准则。该方法的特点是速度快，但当所选特征与后续学习算法紧密相关时，偏差较大。经典的 Relief 特征选择算法[42]就是 Filter 方法。

Wrapper 方法依赖于后续学习算法，需要将训练样本分成训练子集和测试子集两部分，并根据后续学习算法的训练准确率来评价特征子集的性能。因此，Wrapper 算法偏差小，但对后续学习算法依赖大，并且所需计算量较大。

Embedded 方法也依赖于后续学习算法，其将特征选择过程嵌入到学习算法训练分类器的过程中，通过一个优化函数模型实现特征选择。该方法的特点是不需要将训练样本分成训练子集和测试子集，后期也不必训练分类器来对特征子集进行评估，因此速度快、效率高，但优化函数模型的构造比较困难。

近年来，学者们倾向于采用混合特征选择方法来选择最优特征子集[43]，这也是目前特征选择方法研究的一个新趋势。最为常用的是将 Filter 和 Wrapper 相结合来选择特征子集，首先使用 Filter 方法将原始特征集中的无关和冗余特征进行过滤，然后在此基础上使用 Wrapper 寻找最优特征子集。Filter 和 Wrapper 方法的结合，优势互补，可以提高特征选择的性能并降低时间复杂度。2007 年，Uncu 和 Turksen[43]利用函数依赖概念、相关系数和 K-近邻来实现特征的过滤和封装。2008 年，王树林等[44]以肿瘤样本集的分类性能作为启发式反馈信息，基于支持向量机提出一种 Filter-Wrapper 混合方法进行特征选择。2011 年，Akadi 等[45]结合最小冗余最大相关算法和遗传算法提出一种 Filter-Wrapper 混合方法选择特征子集。

2012 年，Foithong 等[46]基于互信息和粗糙集提出一种 Filter-Wrapper 混合方法选择特征子集，首先利用互信息取代用户定义的参数来过滤候选特征，然后采用 Wrapper 方法搜索候选特征集空间，可以降低计算成本，避免陷入局部最优。

1.3 国内外研究现状

1.3.1 基于粗糙集的特征选择研究进展

粗糙集理论是一种处理模糊和不精确问题的新型数学工具[3]。最初关于粗糙集理论的研究主要集中在东欧国家，当时并没有引起重视。1991 年，粗糙集理论创始人 Z.Pawlak 出版了他的第一本粗糙集专著，标志着粗糙集理论与应用的研究进入了活跃时期。国际人工智能与模式识别的研究学者开始广泛关注粗糙集理论的应用研究，特别是在数据挖掘、决策分析、模式识别、机器学习和智能控制等领域。为了给广大研究人员提供学术交流的机会，从 1992 年开始，每年举办一届粗糙集理论的国际学术会议，自此，关于粗糙集理论的文献如雨后春笋不断涌现。

基于粗糙集的特征选择，在粗糙集理论中称作属性约简，它是粗糙集理论的一个重要研究课题。所谓属性约简就是在保持属性集合分类能力不变的前提下，删除其中冗余的属性。因此，粗糙集理论已经广泛应用于构造特征选择算法。故在本书中，对于属性或特征、基于粗糙集的特征选择或粗糙集特征选择或属性约简，就不再进行区分。

自粗糙集理论提出以来，短短 30 余年里，涌现出了大量基于粗糙集的特征选择算法，根据其采用搜索方法的不同，可分为三大类：穷举法、启发式方法和随机方法。

穷举法，是指首先求出所有满足要求的特征子集，然后从中选取基数最少的特征子集。区分矩阵（差别矩阵）是粗糙集理论的核心概念之一。1992 年，Skowron 和 Rauszer[4]首先提出区分矩阵的概念，然后基于此提出求解信息系统完备（所有）约简的方法。利用任意两个对象之间的不同特征，来描述数据集中蕴涵的分类知识，然后从这些数据中构造出区分函数，最后转化成最简形式。为了加快计算速度，1999 年和 2000 年，Starzyk 等[5,6]使用强等价关系来简化区分函数。2009 年，Yao 和 Zhao[7]利用经典高斯消去法对区分矩阵进行简化，通过矩阵运算直接得到约简。总之，尽管穷举法在理论上很完备，可以得到信息系统的所有约简结果，但仍然避免不了“组合爆炸”这一难题。已经证明，求解所有约简是 NP-难问题[8]。因此，必须考虑启发式方法。

启发式方法是一种近似算法，实现过程简单、快速，实际应用非常广泛。启发式方法中，通常采用启发式信息来引导特征选择过程，可以从一个空特征集或特征核开始，然后根据启发式信息不断添加特征直至得到满足要求的特征子集，也称为前向选择法；或者从特征全集开始，根据启发式信息不断删除特征直至得到满足要求的特征子集，也称为后向删除法。启发式信息可采用粗糙集的特征重要性来定义，各种启发式方法的根本区别就在于对特征重要性的定义不同。1995年，Hu 和 Cereone[9]提出基于正域的启发式特征选择算法。首先以去掉特征后正域的变化大小来定义特征重要性，然后从特征核出发，按照特征重要性的大小由大到小逐个加入特征，直至特征子集的依赖度与原始特征集的依赖度一致；接着用向后删除的方法，逐个检查所得结果中的每个特征，凡是删除后不影响特征子集依赖度的特征，均为冗余特征，最后得到的特征子集就是最优特征子集。后来，Chouchoulas 和 Shen[10]在此基础上作出一些改进。随着粗糙集理论的发展，信息熵被广泛应用于度量信息系统的不确定性。2002 年和 2003 年，王国胤等[11,12]给出决策表特征核的计算方法，并提出基于条件熵的特征选择算法。首先基于 Shannon 条件熵，将添加特征后条件熵的变化大小定义为特征重要性，然后以特征核为出发点，按照特征重要性从大到小逐个加入特征，直到特征子集相对于决策特征的条件熵与原始特征集相对于决策特征的条件熵相等为止。2002 年，Liang 等[13]针对 Shannon 熵无法度量粗糙集的模糊性，引入互补熵，并设计出基于互补熵的启发式特征选择算法。此外，2008 年，Qian 和 Liang[14]提出组合熵的概念。1999 年，苗夺谦和胡桂荣[15]分析不同特征之间的互信息，利用互信息的变化大小来定义特征重要性，提出一种基于互信息的启发式特征选择算法。2003 年，Hu 等[16]将区分矩阵中特征的出现频率作为特征重要性，给出一种快速的特征排序机制，并在此基础上提出基于特征频率的特征选择算法。2010 年，为了加快启发式方法的计算效率，Qian 等[17]提出一种正向近似的理论框架，用于加速特征选择的启发式过程，并证明其可行性和高效性。对于上述启发式方法，由于不存在完备的启发式信息，使用特征重要性来选择下一个特征会导致搜索沿着一条非最优的途径进行，无法保证最终结果的最优性，因此，启发式方法并不能保证找到最优特征子集。

随机方法是一种相对较新的方法。1995 年，Wroblewski[18]提出三种遗传算法（Genetic Algorithm，GA）来产生最小约简。第一种算法是经典 GA 算法，个体采用二进制位串表示，算法速度很快，但有时会陷入局部最优；后两种算法是基于置换编码和贪婪算法，能够得到更好的结果，但需要增加计算时间。2002 年，Zhai 等[19]提出一个集成的特征提取方法，并在此基础上建立特征提取原型系统。该系统成功地将粗糙集处理不确定性的能力和 GA 算法健壮的搜索能力进行集成，然后用于简化产品质量评价。后来，又有一些学者在 GA 算法的基础上，引入其他随机算法。2007 年，陈友等[20]将 GA 算法和禁忌搜索算法进行混合用于特征选择，构建轻量级入侵检测系统。2008 年，Hedar 等[21]提出一种基于内存的启发式禁忌搜索算法用于特征选择，可以节约计算成本。2009 年，张昊等[22]在自适应 GA 算法中加入模拟退火的思想，进行特征选择，可以加速算法收敛，避免陷入局部最优，提高特征选择的效率。2011 年，Abdullah 等[23]提出一个再热模拟退火算法用于特征选择，再热可以帮助算法更好地探索搜索空间，找到更好的解，从而逃离局部最优。上述这些随机方法，虽然能够提供一个更好的特征选择解决方案，但是操作非常耗时，需要进行大量的计算，而且也无法保证每次都能得到最优特征子集。

综上所述，这三类方法中能够确保得到最优特征子集的只有穷举法，但穷举法需要求出所有满足要求的特征子集，计算复杂度高，并且需要消耗大量时间，所以不适合处理大数据集；启发式方法，简单、快速且效率较高，但由于不存在完备的启发式信息，并不能保证找到最优特征子集；随机方法，虽然能够提供一个更好的特征选择解决方案，但是操作非常耗时，需要进行大量计算，而且也无法保证每次都能得到最优特征子集。因此，探索更有效的特征选择算法势在必行。

在基于粗糙集的特征选择过程中，已有一些群智能方法不断引入进来。2003 年，Jensen 和 Shen[47]采用 ACO 算法用于特征选择；2007 年，Wang 等[48]基于粗糙集和 PSO 算法，提出一种新的特征选择策略；2010 年，Bae 等[49]受 Wang 的启发，提出一种新算法，即智能动态群（Intelligent Dynamic Swarm，IDS）。这是一个改进的 PSO 算法、粗糙集和 *K*-均值混合方法，首先采用 *K*-均值聚类算法处理连续变量，然后使用 IDS 算法进行特征选择。下面介绍群智能的研究进展。

1.3.2 群智能研究进展

群智能的概念源于 20 世纪 80 年代，人们对社会性动物（如蚁群、鸟群、蜂群等）的自组织行为发生了浓厚兴趣。研究人员发现：虽然它们单一个体的智能不高，也没有集中指挥，但它们组成的群体却能够协同工作，建立巢穴、集中食物、哺育后代等，发挥超出个体的智能。表 1.1 简单总结了群智能的发展历程。

从表 1.1 中可以看到，虽然群智能发展时间不长，但已受到研究者的广泛关注，成为人工智能、数据挖掘、社会经济以及生物等交叉学科的研究热点。

群智能中的代表性算法如 ACO 算法、PSO 算法和 ABC 算法等，都属于启发式随机搜索算法，它们依靠群体之间的信息共享来求解复杂问题，体现了群智能的协作性、简单性和分布性等特点。群智能为许多传统方法较难解决的组合优化、知识发现和 NP-难问题提供新的求解方案，为许多前瞻性研究提供新的思路，具有重要的学术意义和现实价值。

表 1.1 群智能发展历程

时间	大事记
1991 年	Colorni 等[25]提出 ACO 算法
1995 年	Kennedy 和 Eberhart [26]提出 PSO 算法
1998 年	Dorigo 等组织两年一次的关于 ACO 算法和群智能的国际会议
1999 年	国际进化计算大会召开 ACO 算法专题会议
1999 年	Bonabeau 等[24]编写群智能的专著，提出群智能的概念
2002 年	IEEE 进化计算汇刊出版 ACO 算法和群智能的专辑
2005 年	Karaboga[27]提出 ABC 算法

由于 ACO 算法适合于求解组合优化问题，PSO 算法在离散空间优化方面较为成熟，ABC 算法处于起步阶段，发展空间很大，所以本书围绕这三种算法开展研究。

1.3.2.1 蚁群优化算法研究进展

ACO 算法是一种仿生智能优化算法，模拟昆虫王国中蚂蚁群体的觅食行为。1991 年，Colorni 等[25]首次提出 ACO 算法，但直到 1996 年才引起国际学术界的关注，事情发展的契机是 Dorigo 等[50]发表的一篇文章 *Ant System：Optimization by A Colony of Cooperating Agents*。而 ACO 算法的第一部专著 *Ant Colony Optimization*，是 Dorigo 和 Stutzle[51]于 2004 年出版的，内容详实、系统、权威，成为研究人员的经典参考资料。

ACO 算法的蓬勃发展，为许多寻优问题提供一种新的解决方案。众多学者致力于 ACO 算法的研究，主要体现在三个方面：

（1）ACO 算法的理论研究。2000 年，Gutjahr[52]首次对 ACO 算法的收敛性进行证明，虽然是在一些假设前提下，但仍具有重要意义。2002 年，Stutzle 和 Dorigo[53]提出一种简化的 ACO 算法，认为该算法对具有组合优化性质的极小化问题总能找到全局最优解。2004 年，Badr 和 Fahmy[54]从分支随机路径和分支过程的角度，研究 ACO 算法的收敛性。

2003 年，孙焘等[55]将 GA 算法与 ACO 算法进行融合，并从 Markov 随机过程的角度，分析该混合算法的收敛性。2009 年，苏兆品等[56]首先把旅行商问题（Traveling Salesman Problem，TSP）描述为一类 ACO 算法的数学模型，然后分解状态空间，构筑反射壁，最后从鞅理论的角度，证明该类 ACO 算法不仅具有几乎处处强收敛性，而且能够在有限步内快速收敛，得到全局最优解。

（2）ACO 算法的改进。1996 年，Dorigo 和 Gambardella[57]在原有蚂蚁系统基础上，结合强化学习提出 Ant-Q 系统。重点研究 Ant-Q 对参数的敏感性，并调查蚂蚁之间的协同效应。1997 年，Stutzle 和 Hoos[58]提出 Max-Min 蚂蚁系统。该系统仅对本次遍历中最优路径上的信息素进行增加，并将其值限定在一定范围之内，对信息素更新机制进行改进，使得每条路径上的信息素存在较大的浓度差异，从而加快收敛，避免陷入局部最优。1999 年，Bullnheimer 等[59]提出一种基于排序的新蚂蚁系统。当所有蚂蚁结束一次遍历后，首先按照蚂蚁所走路径的长度进行升序排列，然后按照每个解的质量给予权重，最后根据解的不同权重来更新信息素。很多学者针对 ACO 算法本身具有的并行性开展研究，提出许多改进措施。2011 年，Pedemonte 等[60]对并行 ACO 算法的研究进行综述，介绍并行计算技术在 ACO 算法中的应用情况。

1999 年，吴庆洪等[61]提出一种具有变异特征的 ACO 算法。该算法引入变异算子，利用逆转变异方式，改善蚁群的性能，减少计算时间，加快算法收敛。2002 年，王颖和谢剑英等[62]提出一种自适应改变信息素挥发系数的 ACO 算法，在收敛速度不受影响的前提下，提高解的全局优化性能。2003 年，熊伟清等[63]将遗传变异算子引入 ACO 算法。通过设置信息阈值修改选择策略，让蚂蚁在初始时刻有较多选择，增加多样性；同时，对路径选择策略进行改进，全局修正信息素更新规则；引入变异，通过逆转变异和插入变异产生新解，进行局部优化，增加个体多样性，改善整个群体性能；并且对蚁群中蚂蚁进行分工，减少每只蚂蚁的搜索空间，增强算法整体搜索能力。2007 年，陈峻和章春芳[64]提出一种采用自适应信息交换策略的并行 ACO 算法。首先对处理机之间的信息交流提出两种策略，然后衡量优化过程中信息素在各路径上的分布均匀度，对信息素更新策略进行自适应地调节，可以有效地缓解快速收敛和早熟停滞现象之间的矛盾。

（3）ACO 算法与其他算法的融合及应用。很多学者研究 ACO 算法与其他算法的融合，如：GA 算法[65-71]，模拟退火算法[72-76]，免疫算法[77-82]，神经网络[83-87]等，更有学者将 ACO 算法与多个算法进行大融合[88-90]。多种算法的融合，可以实现优势互补，提高收敛速度，改善算法性能。

2007 年，Jangam 和 Chakraborti[65]将 GA 算法和 ACO 算法进行混合，用于核酸序列的两两比对。该混合算法首先采用 ACO 算法获取一个核酸序列，然后再利用精英 GA 算法，使用原始的选择算子，结合一个新的多点交叉变异算子，生成一个核酸的精确序列，最后进行两个核酸序列的比对。2008 年，Lee 等[66]则将 GA 算法与 ACO 算法用于多序列的比对，其中 GA 算法提供多样性，ACO 算法负责跳出局部最优。2011 年，Chen 和 Chien[67]采用并行遗传蚁群系统来解决 TSP 问题。2012 年，Ciornei 和 Kyriakides[68]提出一种包含特殊连续域 ACO 算法和 GA 算法的混合算法，并证明其收敛性。2004 年，邵晓魏等[69]采用 GA 算法生成信息素分布，首先均匀分割问题空间，然后采用 GA 算法将初始种群均匀分散在解空间，并利用 ACO 算法求出精确解，两种算法优势互补，防止过早收敛，加快收敛速度。同年，朱庆保和杨志军[70]提出一种高速收敛算法。该算法对信息素采用一种新颖的动态更新策略，让所有蚂蚁在每一次搜索过程中都发挥出最大贡献；同时，每次搜索结束后，对搜索的结果引入独特变异来进行优化，可以大幅度提升算法的收敛速度。2009 年，肖宏峰和谭冠政[71]将 GA 算法融入 ACO 算法，提出两种新策略：一种是先利用 GA 算法找到一组解，然后再用 ACO 算法寻找最优解；另一种是利用 GA 算法，采用交叉操作，产生 ACO 算法的新旅行路径。

2006 年，傅鹏等[72]提出一种新的 QoS 路由发现方法，将 ACO 算法与模拟退火算法进行结合，针对可用 QoS 路由，利用 ACO 算法增加对其发现的概率；同时利用模拟退火算法调整 ACO 算法的搜索方向，减少停滞现象的发生。2008 年，Musa 和 Chen[73]利用几种算法的组合来解决动态吞吐量最大化问题，包括一个简单的贪婪排序算法、两个模拟退火算法和两个 ACO 算法。2009 年，刘波和蒙培生[74]采用模拟退火算法使信息素分布集中，加快收敛，并结合 3opt 局部优化算法提高效率，同时证明该算法收敛。2012 年，Niksirat 等[75]利用一个贪婪模拟退火算法和一个双种群的双向搜索蚁群系统来解决运输网络中包含多个点的 *K*-最短可行路径问题。同年，张亚明等[76]提出一种适用于多跳 WSNs 的基于蚁群模拟退火算法的移动 Agent 访问路径规划模型。

2006 年，钟一文和杨建刚[77]提出一种免疫 ACO 算法，采用 ACO 算法对任务调度的优先队列进行进化，并使用免疫原理保持蚁群多样性，避免早熟停滞。2009 年，闭应洲等[78]提出基于免疫修复的 ACO 算法。采用免疫原理识别候选解中的“病变”成分，并对其进行修复，提高候选解的质量，加快正反馈过程。2010 年，刘朝华等[79]提出双态免疫 ACO 算法，一方面将蚂蚁划分成两种状态，使解的搜索空间扩大，早熟停滞现象得到有效的抑制；另一方面采用几种免疫算子进行运算，从而得到精英蚂蚁，并将局部最优免疫策略引入抗体记忆库，不仅可以快速收敛，而且能够提高求解的精度。2011 年，万芳等[80]提出基于免疫进化的 ACO 算法，不仅利用免疫算法的快速收敛优势，而且在 ACO 算法中增加扰动策略，有效地克服 ACO 算法存在的问题，并在滦河下游六水库联合供水优化调度中进行应用。同年，Huang 和 Cen[81]基于环境建模，结合 ACO 算法和免疫调节，提出一种新的全局路径规划算法。Wang 等[82]将免疫算法与 ACO 算法结合寻找最佳飞行路线。该算法首先在飞行区域随机生成初始路线，然后用克隆选择算法搜索好的路线，得到一组风险和耗油成本最小的路线；同时，在这些路线附近放置一些初始信息素，在此基础上，再使用 ACO 算法搜索风险和耗油成本最小的最优路线。

2003年，洪炳熔等[83]将ACO算法和神经网络结合用于实现非线性模型的辨识问题及倒立摆的控制。2007年，黄美玲和白似雪[84]用蚁群神经网络求解TSP问题，首先在预处理时引入交叉策略，然后把具体的地图抽象成无向完全图，再将ACO算法与神经网络结合起来求解TSP问题，不仅可行，而且高效。2008年，刘澍和王宏远[85]将ACO算法与神经网络结合用于分类器的构造，该分类器可分类识别各种调制信号的特征矢量，不仅具有神经网络的广泛映射能力，而且具有ACO算法快速、全局收敛等特点，明显改善分类器的识别率、收敛速度和鲁棒性。2012年，孙旺等[86]将蚁群神经网络应用于混凝土泵车主泵系统中主泵轴承的模式识别和性能评估，很好地解决了收敛速度慢、易于陷入局部极值等问题，提高了分类能力。同年，Chen和Zhao[87]建立蚁群神经网络，使用ACO算法实现快速、准确地从故障齿轮中确定故障状态的特征参数。

很多学者还提出多种算法的大融合策略。2008年，宋晓宇等[88]采用GA算法和ACO算法进行并行搜索，并将禁忌搜索算法作为局部搜索算法来求解模糊Job Shop调度问题。2009年，Shan等[89]提出一种基于GA算法、模拟退火算法和ACO算法的新方法求解装配序列规划问题，帮助规划师生成一个满意和有效的装配序列。2011年，Chen和Chien[90]将GA算法、模拟退火算法、ACO算法和PSO算法结合来解决TSP问题。

自ACO算法提出以来，众多学者将其成功地运用在TSP问题[67,74,79,84,90-93]、图着色问题[94,95]、无线传感器网络[96-99]、电力系统优化[100-103]和特征选择[47,104-111]等领域，均取得很大进展。

2011年，Chen和Chien[67]在GA算法中采用新的交叉和混合变异操作，并在蚁群系统中采用信息沟通策略，提出一种并行遗传蚁群系统来求解TSP问题。2009年，刘波和蒙培生[74]提出一种基于模拟退火机制的ACO算法用于求解TSP问题，大大减少了算法的迭代次数。2010年，刘朝华等[79]提出一种双态免疫优势ACO算法并应用于TSP问题，同时提高了算法的收敛速度及求解精度。2007年，黄美玲和白似雪[84]用ACO算法与人工神经网络相结合求解TSP问题。2011年，Chen和Chien[90]提出一种遗传模拟退火ACO-PSO技术，解决TSP问题。1997年，Dorigo和Gambardella[91]将ACO分布式算法应用于TSP问题。2001年，Guntsch和Middendorf[92]深入研究ACO算法中信息素的更新策略，针对动态TSP问题中城市的插入和删除操作，提出三种更新策略。同年，吴斌和史忠植[93]基于ACO算法提出一种相遇算法，并与采用并行策略的分段算法相结合，用于求解TSP问题。

1997年，Costa和Hertz[94]将ACO算法用于图着色问题。2008年，Dowsland和Thompson[95]将ACO算法与禁忌搜索相结合，应用于图着色问题。

2004年，Ding和Liu[96]在ACO算法的基础上，针对无线传感器网络中的数据采集和通信，提出一种集中方法。2006 年，Camilo 等[97]基于 ACO 算法，提出一种新的无线传感器网络路由协议，减少通信负载，最大化节约能源。2007 年，梁华为等[98]提出一种无线传感器网络蚁群优化路由算法。2009 年，Okdem 和 Karaboga[99]在 ACO 算法基础上，针对无线传感器网络，提出一种新型的路由方法，可以使节点设计师有效地运行路由任务。

2001 年，Huang[100]基于蚁群系统提出一种优化方法，来加强水电发电调度。2002 年，王志刚等[101]基于 ACO 算法建立网架规划的数学模型，用于解决配电网网架优化规划问题。2003 年，Teng 和 Liu[102]在蚁群系统的基础上，针对配电网自动化中开关重定位问题提出一个最佳解决方案。2005 年，王琨和刘青松[103]利用 ACO 算法来求解电力系统机组最优启停问题。

目前，已有多名学者将 ACO 算法应用于粗糙集特征选择中。2003 年，Jensen 和 Shen[47]提出一种结合粗糙集和 ACO 的特征选择算法，每次从一个随机特征出发，然后选择最好路径并更新信息素，但算法效果不是很好，收敛速度较慢，有时甚至得不到最优特征子集。在此基础上，很多学者提出改进算法。2008 年，任志刚等[104]从特征核出发构造蚂蚁的每一个解，并将基于信息论角度定义的特征重要性作为启发式信息，同时重新定义概率转移公式和信息素更新规则，提出一种特征选择算法，不仅降低问题的规模，而且使搜索能够在较优解的邻域内进行，加快算法收敛。同年，Ke 等[105]借助当前最优解更新信息素轨迹，将信息素值控制在一定范围内，并且使用一个快速过程来构建候选解。2009 年，Gómez 等[106]采用多个蚁群进行搜索，同时利用粗糙集提供启发式函数来评价特征子集的质量。同年，张杰慧等[107]将自适应 ACO 算法用于特征选择，特征子集的评价采用支持向量机分类器。2010 年，王璐等[108]进行两个方面的改进工作，一是在概率转移公式中采用特征依赖度和特征重要性作为启发式因子，二是应用粗糙集的分类质量和特征子集的长度来构建信息素更新策略。同年，Chen 等[109]采用基于互信息的特征重要性作为启发式信息，并且每次迭代都从特征核出发。2011 年，姚跃华和洪杉[110]采用自适应的 ACO 算法来进行特征选择，首先对粗糙集中的近似精度进行定义，然后对信息素的交流机制和交流概率进行改变，自适应地调节每组蚂蚁间的信息素浓度，得到有效可行的特征选择算法。同年，于洪和杨大春[111]首先结合 ACO 算法，将特征选择问题转化为寻找最低成本路径问题，然后定义吸收算子，将区分矩阵中的冗余数据进行删除，能够得到多个解。

虽然已有多名学者将 ACO 算法应用于粗糙集特征选择中，但仍存在一些问题。在特征选择中，ACO 算法需要花费大量时间用于解的构造过程，收敛速度较慢。同时，蚁群的正反馈机制虽能加快算法收敛，但也容易引起种群多样性降低，导致算法陷入局部最优。虽然学者们通过设置概率转移公式中的启发式信息，构建更合理的信息素更新策略，可以使收敛速度较慢和易于陷入局部最优得到一定程度的改善，但还有很大潜力有待挖掘，探索更优算法的工作不会停止。另外，ACO 算法中参数设置需要依据大量的实验，并且对算法所解决的具体问题具有一定的依赖性，而学者们在粗糙集特征选择问题方面对参数的研究较少。因此，针对 ACO 算法在粗糙集特征选择中的应用，还有很多工作需要进一步研究。

1.3.2.2 粒子群优化算法研究进展

PSO 算法是模拟鸟群捕食行为而提出的一种进化计算方法，1995 年由 Kennedy 和 Eberhart[26]提出。PSO 算法概念简单，易于实现，且搜索速度快、效率高，但对于多峰问题容易早熟收敛。学者们通过对 PSO 算法不断地研究和改进，将其成功应用于多个领域。目前，PSO 算法的研究主要集中在以下四个方面：

（1）PSO 算法的改进。1998 年，Shi 和 Eberhart[112]将惯性权重引入粒子速度更新公式，2001 年，又采用模糊规则系统来动态调整惯性权重[113]，使算法总体性能得到大幅改善。2006 年，Chatterjee 和 Siarry[114]对惯性权重进行非线性变化，提高算法收敛速度。2008 年，张顶学等[115]采用群体中平均粒子相似度来动态调整惯性权重。1999 年，Clerc[116]在粒子速度更新公式中引入压缩因子。2005 年，薛明志等[117]利用正交设计方法产生均匀分布的初始种群。同年，Kennedy[118]采用概率方法生成新一代的粒子群体，提出动态概率 PSO 算法。

学者们研究邻域拓扑结构对算法性能的影响。1999 年，Kennedy[119]研究粒子群中几种邻域拓扑结构对 PSO 算法性能的影响。2002 年，Kennedy 和 Mendes[120]引入小世界网络并分析不同的邻域拓扑结构对算法性能的影响。2005 年，Kaewkamnerdpong 和 Bentley[121] 分析 PSO 算法的可感知性，认为粒子对其他粒子的观测只可以在一定邻域内。2009 年，倪庆剑等[122]基于可变的多簇拓扑结构提出动态概率 PSO 算法。在算法迭代初期、中期和末期分别采用全局版、多簇邻域拓扑结构和环形拓扑结构，对求解复杂优化问题具有很好的效果。

此外，学者们还采用多种群来提高算法性能。2004 年，Bergh 和 Engelbrecht[123]提出协作 PSO 算法。采用多种群策略，增强探索解空间的能力，提高算法求解质量和鲁棒性。2005 年，Liang 和 Suganthan[124]提出动态子群 PSO，算法性能得到较大提升。首先整个群体被随机划分成若干子群，然后各子群分别进化，当算法迭代达到一定次数后再对整个群体进行重新分配。2006 年，窦全胜等[125]将整个群体划分成具有不同分工的多个子群体，称为基于“群核”的进化，群体的优化能力得以增强。

基本 PSO 算法大都针对连续空间的优化，一些研究者开始对离散空间的优化进行尝试。1997 年，Kennedy 和 Eberhart[126]提出离散二进制 PSO 算法。2004 年，Pang 等[127]改进 PSO 算法并应用于 TSP 问题的求解。2005 年，高海兵等[128]则提出广义粒子群优化模型，将连续空间拓展到离散空间。

（2）PSO 算法的参数设置。PSO 算法中，参数如何进行设置直接影响着算法的收敛速度和解的质量。1998 年，Shi 和 Eberhart[112]通过实验指出，惯性权值在[0.9,1.2]之间选取时算法性能较好。2001 年，Eberhart 和 Shi[129]给出 PSO 算法中参数的设置。一般两个加速常数 c_1 和 c_2 为 2，最大速度 v_{max} 为对应维变化范围的 10%～20%，粒子群的规模在 20～50 之间。2004 年，彭宇等[130]采用方差分析的方法，对惯性权重和加速常数的设置与算法性能之间的关系进行分析，并提出参数设置的指导原则。在此基础上，许多研究者针对参数设置提出自适应控制策略。2004 年，Ratnaweera 等[131]根据算法迭代次数的增加，对加速常数进行动态调整，算法的全局收敛性能得到有效提升。2006 年，曾建潮和崔志华[132]在分析各种 PSO 算法的基础上，归纳出一种统一模型，并提出一种具有全局收敛性的参数自适应 PSO 算法。2008 年，Arumugam 和 Rao[133]提出基于粒子适应度比值的自适应控制策略。2011 年，Nickabadi 等[134]提出基于粒子自身历史最优位置的自适应控制策略。

（3）PSO 算法的理论研究。研究者对 PSO 算法的理论研究，更多的是从其行为机制及收敛性进行研究。1999 年，Shi 和 Eberhart[135]从实验角度对 PSO 算法性能进行分析。2002 年，Clerc 和 Kennedy[136]分析 PSO 算法工作机制发现，使用收缩因子可以保证算法收敛，同时利用粒子运动微分或差分方程的特征值对算法收敛性进行较为系统地分析。同年，Bergh[137]证明基本 PSO 算法无法全局收敛，提出一种 GCPSO 算法[138]，并证明该算法能收敛于局部最优解。2004 年，曾建潮和崔志华[139]通过对基本 PSO 算法的分析，提出一种 PSO 改进算法，能够保证全局收敛。2003 年 Trelea[140]采用动力学理论，2006 年李宁[141]采用差分方程和 Z 变换方法，2007 年 Jiang[142]采用随机过程理论，2009 年孙俊[143]采用量子方法，分析粒子的行为，从不同角度对粒子运动进行解释，并在保证算法收敛的前提下对参数的取值范围进行设置。

（4）PSO 算法与其他算法的融合及应用。针对 PSO 算法与其他算法的融合，目前研究较多的是 PSO 算法与 GA 算法的比较和融合，此外也有与混沌算法、微分进化、免疫算法、细菌觅食算法等。通过 PSO 算法与其他算法的融合，可以取人之长补己之短，有效改善基本 PSO 算法的性能。

PSO 算法与 GA 算法的融合，主要是引入 GA 算法中三种操作算子对基本 PSO 算法进行改进。1998 年，Eberhart 和 Shi[144]对 GA 算法和 PSO 算法进行分析和比较，并对两种方法如何融合给出指导意见。2001 年，Lovbjerg 等[145]给出基于繁殖和子种群杂交的 PSO 模型，对粒子进行随机杂交。2002 年，Krink 和 Lovbjerg[146]融合三种方法：GA 算法、PSO 算法和随机爬山法，提出一种混合搜索算法，称为生命周期模型。2003 年，Higasshi 和 Iba[147]将高斯变异算子引入 PSO，在粒子更新公式中采用高斯变异，提出改进的 PSO 算法。2004 年，吕振肃和侯志荣[148]提出一种自适应变异的 PSO 算法，最优粒子的变异概率根据群体适应度方差和当前最优解的大小来确定，能够跳出局部最优。2005 年，Shi 等[149]提出一种融合 GA 算法的新 PSO 混合算法，表现出较好性能。2007 年，夏桂梅和曾建潮[150]采用锦标赛选择机制挑选最优个体参与下一代群体进化，大大提高了算法收敛速度。

在与其他算法的融合中，研究者发现 PSO 算法与混沌算法进行混合，可以增强种群多样性，提升算法搜索能力，避免早熟收敛。2005 年，Chuanwen 和 Bompard[151]提出结合混沌的 PSO 改进算法。2007 年，Coelho 和 Herrera[152]提出基于混沌的 PSO 改进算法，并应用于模糊识别。

此外，2004 年，高鹰和谢胜利[153]在基本 PSO 算法中引入人工免疫，不仅得到多样化的种群，而且提高粒子的自我调节能力，从而增强算法的全局搜索能力。2005 年，Das 等[154]结合微分进化算法的思想改进 PSO 算法，Holden 和 Freitas[155]集成 PSO 算法和 ACO 算法，并将其应用于生物数据集的层次分类。还有研究者将某些生物的行为机制融入 PSO 的改进。2006 年，Niu 等[156]将细菌趋化行为融入 PSO 算法，认为当前群体中的特定位置会对粒子运动产生影响，即粒子会被当前群体中最优位置及自身最优位置吸引，或粒子会排斥自已历史最差位置和群体最差位置。同年，刘金洋等[157]在 PSO 中引入大雁迁徙过程中的飞行机制。2011 年，杨萍等[158]将细菌觅食算法中的趋化算子引入 PSO 算法，发挥其局部搜索优势。

PSO 算法发展迅速，在众多领域得到了广泛应用，已成功应用在约束优化[159-162]、离散优化[126,163-166]、多目标优化[167-170]、电力系统[171]、自动控制[172,173]、聚类[174]、图像处理[175]和特征选择[48,49,176-183]等。

约束优化问题的解决关键是约束处理方法。2002 年，Hu 和 Eberhart[159]把所有粒子初始化到可行域内，通过可行解保留策略来处理约束。2004 年，Pulido 和 Coello[160]给出一种巧妙选择最优粒子的策略，改进 PSO 算法的探索能力。2007 年，He 和 Wang[161]采用具有可行性规则的约束策略，并在种群中应用模拟退火来避免算法过早收敛。2013 年，刘衍民[162]将差分进化引入 PSO 算法，并采取一种广义学习策略，可以避免陷入局部最优。

针对大量存在的离散问题，学者们将基本 PSO 算法进行扩展。1997 年，Kennedy 和 Eberhart[126]首次提出一种针对 0-1 规划问题的二进制 PSO 算法。2003 年，Hu 等[163]针对置换排列问题提出离散 PSO 算法，对粒子的表示和速度进行重新定义，并且引入变异操作，防止早熟收敛。2004 年，Clerc[164]采用新的粒子更新公式，提出一种 PSO 算法。2007 年，Shi 等[165]提出两种 PSO 算法。一种针对 TSP 问题，采用不确定搜索策略和交叉淘汰技术来加速收敛速度；另一种采用广义染色体来解决广义 TSP 问题，使用两个本地搜索技术来加速收敛。2012 年，Qin 等[166]将基本 PSO 的标准算子定义到离散空间，并引入距离概念，重新定义粒子速度更新公式，提出离散 PSO 算法的总体框架。

学者们还将 PSO 算法应用于求解多目标优化问题。2002 年，Ray 和 Liew[167]将 Pareto 机制与 PSO 算法相结合，使用多种群策略来搜寻 Pareto 最优解。2004 年，张利彪等[168]改进 PSO 算法中全局极值和个体极值的选取方式，能够有效地搜索非劣最优解集。2006 年，Reyes-Sierra 和 Coello[169]提出多目标 PSO 算法，采用特殊变异机制来保持非劣解的多样性，增强探索能力。2011 年，刘淳安[170]提出一种求解动态多目标优化问题的 PSO 新算法。引入新的变异算子和自适应动态变化惯性因子来避免算法陷入局部最优，同时采用一种判断环境变化的规则，增强算法跟踪问题环境变化的能力。

2008 年，Del Valle 等[171]将 PSO 算法应用于电力系统。不仅提供 PSO 算法在电力系统应用的全面调查，还详细讨论所需 PSO 算法的类型、粒子更新公式和适应值函数。2006 年，Heo 等[172]将 PSO 算法应用于自动控制系统。通过搜索多目标优化问题的最优解，实现最优映射来设计控制系统的参考调速器。2007 年，Mukherjee 和 Ghoshal[173]提出一个 PSO 改进算法 CRPSO，用于获取比例积分微分（PID）控制器中的最优 PID 增益。2008 年，Das 等[174]将 PSO 算法用于聚类。提出一个多精英 PSO 算法，给出不需要任何先验知识，可以处理复杂和线性不可分数据的聚类方案。2006 年，Omran 等[175]提出基于 PSO 算法的新动态聚类方法 DCPSO，应用于无监督图像分类，可以自动确定“最佳”聚类数目。

目前，已有多名学者将 PSO 算法应用于粗糙集特征选择。2005 年，叶东毅和廖建坤[176]将 PSO 算法和粗糙集进行结合，在适应值函数中引入奖励因子，奖励满足约束条件的粒子，加快算法收敛。2006 年，Dai 等[177]引入修正算子提高算法求解质量。修正算子对每个当前不满足约束的粒子进行校正，即将粒子当前解作为初始候选集，然后采用传统启发式方法[9]进行计算直至得到一个特征子集，并用其替代粒子原来的值。修正算子的引入能够提高算法求解质量，但增加了算法的计算量。2007 年，Wang 等[48]把粒子群映射到整个特征空间，每个粒子所处位置对应一个特征集，并重新定义粒子速度表达和位置更新策略，利用粒子群的探索能力来执行特征选择和发现最佳子集。2008 年，叶东毅和廖建坤[178]引入免疫机制提出一种改进算法。首先通过适应值函数的定义，将特征选择问题转化为 0-1 组合优化问题，并证明解等价；然后利用差别矩阵计算出属性重要性，并以此为依据进行种群初始化即“抽取疫苗”，同时粒子更新时采用 *K*-精英保优策略，保留较优的解，提高算法收敛速度和寻优能力。同年，吕士颖等[179]将量子 PSO 算法转化为二进制形式并应用于特征选择。吴永芬等[180]引入小生境技术，利用多种群来保持解的多样化，避免算法陷入局部最优。2009 年，Wang 等[181]提出基于顺序的 PSO 算法。采用粗糙集近似熵进行特征选择，粒子位置用适当的特征排列来表示。2010 年，Bae 等[49]提出一种智能动态群算法。这是 PSO 算法、粗糙集和 *K*-均值算法的混合，首先采用 *K*-均值算法处理连续变量，然后使用改进的 PSO 算法和粗糙集进行特征选择。同年，杨晓燕等[182]将特征选择问题转化成多目标优化问题，提出改进算法。定义表现型共享的适应度函数，具有快速收敛和寻优能力。2011 年，Pratiwi 等[183]提出一种基于 PSO/ACO 算法的粗糙集特征选择框架。该框架分三个阶段进行：基于 PSO 算法的全局优化，基于 ACO 算法的局部优化和基于差别矩阵的疫苗接种。

虽然已有多名学者将 PSO 算法应用于粗糙集特征选择，但仍存在一些问题。在特征选择中，PSO 算法容易陷入局部最优，常常导致收敛速度慢，无法得到最优特征子集。尽管大量研究者通过设置适当的适应值函数，引进各种机制来构建更合理的粒子更新策略，增加解的多样性，使收敛速度较慢和易于陷入局部最优得到一定程度的改善，但还有很大潜力，探索更优算法的工作不会停止。因此，针对 PSO 算法在粗糙集特征选择中的应用，还有很多工作需要进一步研究。

1.3.2.3 人工蜂群算法研究进展

1995 年，Seeley[184]最先提出蜂群的自组织模拟模型。在此基础上，2005 年，Teodorovic 和 Dell'Orco[185]进一步提出蜂群优化算法。同年，Karaboga[27]将蜜蜂采蜜原理成功应用于函数的数值优化，并提出比较系统的 ABC 算法。2006 年，Karaboga 和 Basturk[186]将 ABC 算法应用于约束性数值优化问题，取得了良好效果。ABC 算法具有控制参数少、易于实现、计算简洁、鲁棒性强等特点[187]。作为一种新型智能优化算法，ABC 算法具有广阔的应用前景，已经取得一定的成果，但与 ACO 算法和 PSO 算法的研究及应用相比较而言，其发展尚欠成熟，还处于起步阶段，需要进行更深入的研究。因此，ABC 算法具有巨大发展空间，有着非常重要的研究价值。

针对 ABC 算法的研究主要体现在以下三个方面：

（1）ABC 算法的比较与改进。最初，ABC 算法是为解决数值优化问题而提出，旨在评估其在数值标准测试函数集上的性能，并与著名的进化算法如 GA 算法、PSO 算法、差分进化（Differential Evolution，DE）算法和 ACO 算法进行比较。2007 年，Karaboga 和 Basturk[188]针对多变量函数优化，将 ABC 算法与 GA 算法、PSO 算法进行比较。2008 年，Karaboga 和 Basturk[189]在多维数字优化问题上，比较 ABC 算法与 DE 算法、PSO 算法和演化算法（Evolutionary Algorithm，

EA）的性能。2009年，Karaboga和Akay[190]针对大量数学测试函数，将ABC算法与GA算法、PSO算法、DE算法和演化策略（Evolution Strategies，ES）进行比较。

ABC算法的成功应用激发众多研究者针对算法本身进行改进，围绕初始解、选择策略和解的更新公式等方面进行修改，并提出许多不同版本的ABC算法，将其由最初的函数优化扩展到其他领域。2009年，丁海军和冯庆娴[191]提出基于Boltzmann选择机制的ABC算法。首先使用小区间生成法初始化种群，得到多样化的初始解，然后采用Boltzmann选择机制防止早熟收敛。2010年，罗钧和李研[192]提出具有混沌搜索策略的ABC算法。首先使用禁忌表，存储雇佣蜂的局部极值，然后利用混沌序列重新初始化，便于在局部极值的邻域附近产生新解，跳出局部最优，提高整个蜂群的寻优能力。2011年，暴励和曾建潮[193]提出双种群差分ABC算法。首先采用反向学习产生初始解，使个体在搜索空间均匀分布，然后将个体随机分成两组，并采用不同的寻优策略，在两组间引入交互学习，提高算法效率和解的质量。同年，Bolaji等[194]使用回溯算法产生初始解，确保解的可行性和多样性。

2009年，Bao和Zeng[195]采用三种选择策略：分裂、锦标赛和排序，增强种群多样性，避免早熟收敛。2010年，Alam等[196]提出一种具有自适应变异步长的ABC算法。针对连续函数优化问题，提出一种动态调整变异步长的新机制，可以更好地在搜索空间进行勘探和开采。2012年，毕晓君和王艳娇[197]提出一种ABC改进算法。使用自由搜索算法中的信息素、灵敏度模型，并对每次迭代过程中产生的最差蜜源，采用反向学习产生的新蜜源取代。同年，刘勇和马良[198]提出函数优化的ABC算法。对个体的寻优依据两部分内容共同决定：一是个体以往的寻优经验；二是整个群体的共享信息。同时利用调整系数和差异系数来保持全局探索与局部开采之间的平衡。罗钧等[199]提出一种ABC改进算法。食物源的更新采用“分段搜索”方式，可以提高更新成功率，同时跟随蜂在招募时体现最优原则，即优先招募当前的最优食物源，大大加快算法收敛速度。2011年，Pan等[200]提出一种离散ABC算法来解决批量流水线调度问题，采用基于插入和交换操作的自适应策略产生邻域解。2012年，Kashan等[201]针对二进制结构优化问题，提出一种新的ABC版本。采用二进制向量间的相异度代替原始ABC中的向量减法操作，解决无容量限制设备寻址问题。2018年，王志刚等[202]提出一种多搜索策略协同进化的人工蜂群算法，在引领蜂和跟随蜂进行邻域搜索时，动态调整搜索的维数并使其协同进化，提高搜索效率，平衡算法的局部搜索力和全局搜索能力。

（2）ABC算法的参数设置。学者们通过研究控制参数对ABC算法性能的影响，提出了一些新的策略。2009 年，Akay 和 Karaboga[203]研究 ABC 中三个控制参数（种群大小、问题维数和 *limit*）的调整对算法性能的影响。2010 年，Aderhold 等[204]研究种群大小对 ABC 优化行为的影响，并提出两种 ABC 算法的变体，采用新方法来更新蜜蜂的位置。同年，Pansuwan 等[205]研究复杂产品制造和装配中的调度来确定最佳 ABC 算法参数。

（3）ABC 算法与其他算法的融合及应用。ABC 算法在求解复杂问题时，容易陷入局部最优，因此很多学者着手研究 ABC 算法与其他优化算法的融合，已经取得一些成果。2009 年，丁海军和冯庆娴[191]将模拟退火算法中的 Bolzmann 选择策略引入 ABC 算法，动态调整搜索过程中的选择压力，保持解的多样性，加快收敛速度。同年，Marinakis 等[206]基于 ABC 和贪婪随机自适应搜索过程，提出混合算法，将 n 个对象优化聚类为 k 类。Pulikanti 和 Singh[207]结合 ABC 算法、贪婪启发式方法和本地搜索解决二次背包问题。2010 年，Duan 等[208]将 ABC 算法和量子进化算法结合求解连续优化问题。Shi 等[209]和 El-Abd[210]分别提出一种新型的基于 PSO 算法和 ABC 算法的混合群智能算法。2009 年，罗钧和樊鹏程[211]提出基于遗传交叉因子的 ABC 算法，采用选择交叉操作，增加食物源的多样性，并通过交叉因子的引入，使整个群体的特性得到改善，避免陷入局部极值。2010 年，Jatoth 和 Rajasekhar[212]将 GA 算法和 ABC 算法相结合，增强 ABC 算法的效率，并应用于矢量控制的永磁同步电动机中来优化 PI 速度控制器。2011 年，Li 等[213]将禁忌搜索融入 ABC 算法，有效解决柔性工作车间调度问题。2017 年，Sharma 等[214]提出一种人工蜂群与移动蛙跳算法的混合版本，可以增加全局收敛性、平衡勘探和开发能力。此外，学者们将 DE 算法与 ABC 算法相结合，用于改善算法的性能[193,215,216]。

目前，ABC 算法的应用可以分为以下几个方面：TSP 问题[217-219]、神经网络[220-227]、路径规划[228,229]、聚类分析[230]、约束优化问题[186,231]、作业车间调度问题[232]、0-1 背包问题[233]、最小生成树问题[234,235]、特征选择[236,237]等。

2008 年，新加坡南洋大学的 Wong 等[217]在 ABC 算法的基础上结合 2-Opt 方法，成功解决了TSP 问题。同年，丁海军和李峰磊[218]提出一种 ABC 改进算法将其应用于求解 TSP 问题，并改进 *limit* 参数的求解方法。2009 年，胡中华和赵敏[219]将 ABC 算法应用于 TSP 问题。提出 3 种基本算法模型和 3 种引领因子的更新策略，讨论转移因子的动态更新公式及状态转移公式，可以加快收敛速度，避免陷入局部最优，收到较好效果。

2007 年，Karaboga 和 Akay[220]将 ABC 算法应用于神经网络的训练；同年，还利用 ABC 算法具有的良好探索能力和开发能力，成功搜索最优权重集[221]；2009 年，又将 ABC 算法应用于前馈神经网络进行模式分类[222]。同年，Omkar 和

Senthilnath[223]利用 ABC 算法训练多层感知器神经网络，对声发射信号进行分类，其优势是不需要数据分布的有关知识，并且不易陷入局部最优。2011 年，Ozkan 等[224]调查采用 ABC 算法的人工神经网络 ANN-ABC 在日常参考蒸散量 ET0 中建模的能力。同年，Parmaksizoglu 和 Alci[225]将 ABC 算法与细胞神经网络进行结合，设计图像传感器中的克隆模板。Garro 等[226]采用 ABC 算法对突触权重、神经网络的体系结构和每个神经元的转移函数进行同时进化，最大化神经网络的精度和最小连接数。Shah 等[227]使用 ABC 算法训练多层感知器，学习地震时间序列数据的复杂行为。

2009 年，胡中华和赵敏[228]将 ABC 算法应用于路径规划，把机器人的路径空间划分成网格，对起始节点进行固定，并对最大允许的路径节点数进行设定，有效解决路径节点不固定和邻域构造困难两个路径规划难题。2010 年，Xu 等[229]基于混沌理论改进 ABC 算法以解决无人驾驶战斗机的路径规划问题。

2011 年，Karaboga 和 Ozturk[230]将 ABC 算法用于数据聚类。通过与 PSO 算法和其他 9 个文献中分类技术的比较，结果表明 ABC 算法可以有效地用于多元数据聚类。

2006 年，Karaboga 和 Basturk[186]将 ABC 算法应用于约束性数值优化问题，取得良好效果。2011 年，Karaboga 和 Akay[231]提出一种改进的 ABC 算法，使用 Deb 规则进行约束处理，该规则由三个简单的启发式规则和一个概率选择方案组成；此外，还采用方差分析和均值分析的统计方法对 ABC 算法中的控制参数进行分析。

2009 年，胡中华等[232]在 ABC 算法基础上提出 3 种算法模型，并用于求解作业车间调度问题。2010 年，樊小毛和马良[233]采用 ABC 算法解决 0-1 背包问题。2009 年，Singh[234]提出一种用于解决最小生成树问题的 ABC 算法，通过与 ACO 算法仿真比较，验证 ABC 算法在解决此类问题时的优越性。2010 年，Sundar 和 Singh[235]提出一个 ABC 算法来解决二次最小生成树问题。

ABC 算法在粗糙集特征选择方面的应用还很少。2010 年，Shokouhifar 和 Sabet[236]采用神经网络和 ABC 算法进行特征选择，首先利用 ABC 算法得到特征子集，然后将神经网络作为分类器，同时将特征子集的分类能力和子集长度作为启发式信息来判断特征子集的优劣。该算法后期采用启发式信息来判断特征子集的优劣，可以挑选出较优的特征子集，但对 ABC 算法没有进行一定的改进。2011 年，Suguna 和 Thanushkodi[237]将一个增强的基于粗糙集属性约简算法与 ABC 算法进行混合得到一个新算法。首先将实例根据决策特征分组，对每一组应用快速约简算法找到一个特征子集，然后把共有特征记为特征核，从每一个特征子集中随机选择若干特征和特征核一起构成当前的最优特征子集，最后运用 ABC 算法在此基础上找到最终的最优特征子集。该算法因为要对每一组实例应用快速约简算法，需要花费较多的时间，同时快速约简算法容易产生冗余特征，导致由此产生的特征核也存在冗余特征，并非真正的特征核。由此，后期进行的 ABC 算法性能势必受到影响，易于陷入局部最优。

综上所述，ABC 算法在粗糙集特征选择中的应用还很少，有限的文献对于 ABC 算法本身的改进也较少。而在函数优化和其他领域，虽然已有许多研究者针对 ABC 算法本身进行改进，围绕初始解、选择策略和解的更新公式等方面进行修改，但在加快算法收敛速度和避免陷入局部最优方面还有待于进一步改善。因此，探索用于粗糙集特征选择的离散 ABC 算法，有很大的发展空间，需要进一步研究。

1.4　本书研究内容

本书以粗糙集特征选择为基础，重点研究群智能方法及其在粗糙集特征选择中的应用。本书主要研究内容如下：

（1）通过对粗糙集特征选择和群智能方法的分析与总结，提出一种基于群智能和粗糙集的特征选择框架。

（2）依据此框架，设计一种基于蚁群优化和粗糙集的特征选择算法 HSACO。算法从粗糙集的特征核开始解的遍历，减小蚁群的搜索空间，并采用基于互信息的特征重要性作为概率转移公式中的启发式信息，指导蚂蚁从当前特征搜索到下一个特征，保证全局搜索在有效可行解的范围内进行；同时，采用混合策略，促进特征子集朝着最短、最优的方向发展，加快算法收敛速度，避免陷入局部最优。与此同时，通过实验，分析确定 HSACO 算法中主要参数的选取，然后对 18 个离散数据集进行算法测试。实验结果表明，HSACO 算法能够找到最优特征子集，且收敛速度快，优于三种经典特征选择算法。

（3）依据此框架，设计一种基于粒子群优化和粗糙集的特征选择算法 DPPSO。首先，算法从粗糙集的特征核开始构造解，采用基于特征重要性的贪心策略初始化种群，得到较优的初始种群，减少搜索的盲目性，保证全局搜索在有效可行解的范围内进行。其次，采用一种带动态调整参数的粒子更新策略，不断改变粒子的趋近比例，增加种群多样性，避免陷入局部最优。同时，设置一个跳跃阈值，处理算法后期的停滞现象，跳出局部极值，加快算法收敛，提高算法寻优效率。实验结果表明，DPPSO 算法性能与 HSACO 算法相同，优于其他三种经典特征选择算法。

（4）依据此框架，设计一种基于人工蜂群和粗糙集的特征选择算法 NDABC。首先，算法从粗糙集的特征核开始构造解，通过反向学习得到较优的初始种群；

然后，提出三种不同的邻域搜索策略，并进行参数选取分析和测试比较；同时，对雇佣蜂执行禁忌搜索，防止算法陷入局部最优，降低算法时间复杂度，提高寻优效率。实验结果表明，NDABC 算法在问题空间有很强的搜索能力，算法性能与 HSACO 和 DPPSO 算法基本相当，但所需参数较少，具有一定的优势。

（5）将三种算法应用于银行个人信用评分系统和高维数据集。银行个人信用评分系统的测试表明，三种算法都成功选择出一致的最优特征子集，并且最优特征子集的分类能力大于原始特征集合的分类能力，说明三种算法得到的最优特征子集是有效的，能够消除噪声，使分类能力得到提升。同时，三种算法在高维数据集上都能够选择出最优特征子集，特征蒸发率均在 85%以上，且最优特征子集与原始数据集的分类能力近似，说明三种算法对于高维数据特征选择是有效的，且各具特色。

1.5　本书的组织结构

本书以粗糙集特征选择为基础，围绕粗糙集和群智能方法开展研究，重点研究群智能方法及其在粗糙集特征选择中的应用。本书各章节组织如下：

第 1 章主要介绍本书的研究背景，特征选择概述，基于粗糙集的特征选择和群智能的研究现状及本书研究的主要内容。

第 2 章详细介绍粗糙集理论的基本概念，包括知识与分类、下近似和上近似、知识的依赖度和知识约简等概念，以及三类粗糙集特征选择中的代表性算法；此外，对群智能中 ACO 算法、PSO 算法和 ABC 算法的理论知识进行总结概述；最后给出一种基于群智能和粗糙集的特征选择框架，详细说明群智能方法和粗糙集在该框架几个主要环节中的作用和优势。

第 3 章首先分析代表性算法 JSACO 的求解过程，指出其存在的问题，在此基础上，提出一种基于蚁群优化和粗糙集的特征选择算法 HSACO。然后介绍算法思想、算法模型、概率转移公式和混合策略，并讨论算法中主要参数的选取依据，最后通过实验对算法结果进行比较分析，验证算法的有效性。

第 4 章首先分析代表性算法 IDS 的特征选择流程，指出其存在的问题，在此基础上，提出一种基于粒子群优化和粗糙集的特征选择算法 DPPSO。然后介绍算法思想、粒子的表达和种群初始化、基于互信息的适应值函数和粒子更新策略，最后通过实验对算法结果进行比较分析，验证算法的有效性。

第 5 章提出一种基于人工蜂群和粗糙集的特征选择算法 NDABC。首先介绍算法思想、解的表达和种群初始化、反向学习、适应值函数及转移概率、邻域搜索策略和禁忌搜索，然后讨论算法中主要参数的选取依据，最后通过实验对算法结果进行比较分析，验证算法的有效性。

第 6 章首先介绍银行个人信用评分问题，然后针对德国信用数据集的特点，给出数据预处理的方法，最后将 HSACO 算法、DPPSO 算法和 NDABC 算法在此数据集上进行测试，并对结果进行分析。

第 7 章介绍高维数据特征选择问题，重点讨论 HSACO 算法、DPPSO 算法和 NDABC 算法在高维数据集上进行特征选择的性能，并对结果进行分析。

第 8 章为总结与展望。首先围绕主要的创新点，对本书的整个研究工作进行归纳总结，然后对研究者受自身精力及时间局限而遗留的内容，作为下一步有待研究的问题进行展望。

第 2 章 粗糙集与群智能

2.1 引言

粗糙集理论是波兰科学院 Z.Pawlak 院士于 1982 年提出的。它是一种相对较新的处理不确定和不精确信息的软计算工具，其核心是知识约简，所以粗糙集已成功应用于特征选择中。

群智能方法是一种新型的仿生智能优化算法，发展时间不长，但其作为一个新兴领域，已经得到众多学科研究人员的关注，并逐渐成为人工智能、数据挖掘和生物学等交叉学科的研究热点。群智能中的代表性算法如 ACO 算法、PSO 算法和 ABC 算法等，都属于启发式随机搜索算法，它们依靠群体之间的信息共享来求解复杂问题，体现群智能的协作性、简单性和分布性等特点。群智能方法为许多传统方法较难解决的组合优化、知识发现和 NP-难问题提供新的求解方案，为许多前瞻性研究提供了新的思路，具有重要的学术意义和现实价值。目前已有一些群智能算法应用于粗糙集特征选择中，并取得了较好的效果。

本章将介绍粗糙集和群智能方法的相关知识，为后文研究粗糙集和群智能相结合的特征选择方法提供理论基础。

2.2 粗糙集

2.2.1 粗糙集的理论基础

粗糙集理论认为，任何客观事物都可由一些知识来描述。

（1）知识与分类。

定义 2.1（知识和概念）[238] 设$U \neq \varnothing$是由感兴趣的对象组成的有限集合，称为论域。$\forall X \subseteq U$，称为 U 中的一个概念。为规范化起见，认为空集也是一个概念。对 U 中的任何概念族，称为关于 U 的抽象知识，简称知识。

人们感兴趣的是那些能够形成划分或能够分类的知识。

定义 2.2（划分或分类）[238] 一个划分 R 定义为

$$R=\{X_1,X_2,\cdots,X_n\};\ X_i\subseteq U,X_i\neq\varnothing,X_i\cap X_j=\varnothing(i\neq j),i,j=1,2,\cdots,n;\ \bigcup_{i=1}^{n}X_i=U$$

在粗糙集理论中，通常用等价关系来表示划分或分类。

设 U 为论域，S 是 U 上的一族等价关系，U/S 表示 S 的所有等价类（或者 U 上的分类）构成的集合，$[x]_S$ 表示包含元素 $x\in U$ 的 S 等价类。经常处理的是论域 U 上的一族划分即知识库，可以用一个二元组 $K=(U,S)$ 来表示。

定义 2.3（不可分辨关系）[238] 给定知识库 $K=(U,S)$。若 $P\subseteq S$，且 $P\neq\varnothing$，则 $\bigcap P$ 仍然是 U 上的一个等价关系，称作 P 的不可分辨关系，记为 $IND(P)$，也简记为 P。而且，

$$\forall x\in U,\quad [x]_{IND(P)}=[x]_P=\bigcap_{\forall R\in P}[x]_R \tag{2.1}$$

这样，等价关系 $IND(P)$ 的所有等价类 $U/IND(P)$ 表示与等价关系族 P 相关的知识，称为 K 中关于 U 的 P 基本知识。可用 U/P 代替 $U/IND(P)$，$IND(P)$ 的等价类称为知识 P 的基本概念。

定义 2.4（两个知识库的关系）[238] 设 $K_1=(U,S_1)$ 和 $K_2=(U,S_2)$ 为两个知识库。

1）若 $IND(S_1)=IND(S_2)$，即 $U/S_1=U/S_2$，则称 K_1 和 K_2（S_1 和 S_2）是等价的，记为 $K_1\cong K_2$（$S_1\cong S_2$）。

2）若 $IND(S_1)\subset IND(S_2)$，则称 $K_1(S_1)$ 比 $K_2(S_2)$ 更精细，也称 S_1 为 S_2 的特化；或者说 $K_2(S_2)$ 比 $K_1(S_1)$ 更粗糙，也称 S_2 为 S_1 的泛化。

3）若 1）和 2）都不满足，则称 K_1 和 K_2 不能比较粗细。

例 2.1 给定一个职员信息的论域 $U=\{x_1,x_2,\cdots,x_8\}$，并假设这些职员有着不同的身材（高大、中等、矮小），体重（正常、肥胖、偏瘦）和头发（长、短），见表 2.1。因此，这些职员就可以用身材、体重和头发这些知识来描述，例如一个职员可以是身材高大、体重肥胖、长头发或身材矮小、体重偏瘦、短头发等。如果根据某一特征描述这些职员的情形，就可以按身材、体重或头发来分类。

表 2.1 职员信息表

U（职员）	R_1（身材）	R_2（体重）	R_3（头发）
x_1	高大	肥胖	长
x_2	中等	正常	短
x_3	高大	偏瘦	长
x_4	中等	偏瘦	长
x_5	矮小	肥胖	长

续表

U（职员）	R_1（身材）	R_2（体重）	R_3（头发）
x_6	矮小	正常	长
x_7	高大	偏瘦	短
x_8	矮小	偏瘦	短

解：

按身材分类：高大$=\{x_1,x_3,x_7\}$，中等$=\{x_2,x_4\}$，矮小$=\{x_5,x_6,x_8\}$。

按体重分类：肥胖$=\{x_1,x_5\}$，正常$=\{x_2,x_6\}$，偏瘦$=\{x_3,x_4,x_7,x_8\}$。

按头发分类：短$=\{x_2,x_7,x_8\}$，长$=\{x_1,x_3,x_4,x_5,x_6\}$。

利用这三个等价关系：身材R_1，体重R_2，头发R_3，可得到用集合表示的论域的不同划分。

$$U/R_1=\{\{x_1,x_3,x_7\},\{x_2,x_4\},\{x_5,x_6,x_8\}\}$$
$$U/R_2=\{\{x_1,x_5\},\{x_2,x_6\},\{x_3,x_4,x_7,x_8\}\}$$
$$U/R_3=\{\{x_2,x_7,x_8\},\{x_1,x_3,x_4,x_5,x_6\}\}$$

这些等价类的交集构成下面的基本概念，例如：

1）$\{x_1,x_3,x_7\}\cap\{x_3,x_4,x_7,x_8\}=\{x_3,x_7\}$。

2）$\{x_2,x_4\}\cap\{x_2,x_6\}=\{x_2\}$。

3）$\{x_5,x_6,x_8\}\cap\{x_3,x_4,x_7,x_8\}=\{x_8\}$。

它们分别表示$\{R_1,R_2\}$的基本概念：身材高大、体重偏瘦；身材中等、体重正常；身材矮小、体重偏瘦。同样，任何一个职员可以得到知识$\{R_1,R_3\}$或$\{R_2,R_3\}$的基本概念。

4）$\{x_1,x_3,x_7\}\cap\{x_3,x_4,x_7,x_8\}\cap\{x_2,x_7,x_8\}=\{x_7\}$。

5）$\{x_2,x_4\}\cap\{x_2,x_6\}\cap\{x_2,x_7,x_8\}=\{x_2\}$。

6）$\{x_5,x_6,x_8\}\cap\{x_3,x_4,x_7,x_8\}\cap\{x_2,x_7,x_8\}=\{x_8\}$。

它们分别表示知识$\{R_1,R_2,R_3\}$的基本概念：身材高大、体重偏瘦、短头发；身材中等、体重正常、短头发；身材矮小、体重偏瘦、短头发。

注意：有些概念在这个知识库中是无法得到的，例如：

7）$\{x_2,x_4\}\cap\{x_1,x_5\}=\varnothing$。

8）$\{x_1,x_3,x_7\}\cap\{x_2,x_6\}=\varnothing$。

这也就是说，在这个知识库中不存在身材中等且体重肥胖和身材高大且体重正常的概念，它们是空概念。上述方法是利用集合的交和并运算来获取知识库的概念，也可以直接利用不可分辨关系来直接获取知识的概念。

关于身材R_1，体重R_2，头发R_3的基本概念：

$$U/R_1=\{\{x_1,x_3,x_7\},\{x_2,x_4\},\{x_5,x_6,x_8\}\}$$
$$U/R_2=\{\{x_1,x_5\},\{x_2,x_6\},\{x_3,x_4,x_7,x_8\}\}$$
$$U/R_3=\{\{x_2,x_7,x_8\},\{x_1,x_3,x_4,x_5,x_6\}\}$$

关于$\{$身材R_1,体重$R_2\}$，$\{$身材R_1,头发$R_3\}$，$\{$体重R_2,头发$R_3\}$的基本概念：

$$U/\{R_1,R_2\}=\{\{x_1\},\{x_2\},\{x_3,x_7\},\{x_4\},\{x_5\},\{x_6\},\{x_8\}\}$$
$$U/\{R_1,R_3\}=\{\{x_1,x_3\},\{x_2\},\{x_4\},\{x_5,x_6\},\{x_7\},\{x_8\}\}$$
$$U/\{R_2,R_3\}=\{\{x_1,x_5\},\{x_2\},\{x_3,x_4\},\{x_6\},\{x_7,x_8\}\}$$

关于$\{$身材R_1,体重R_2,头发$R_3\}$的基本概念：

$$U/\{R_1,R_2,R_3\}=\{\{x_1\},\{x_2\},\{x_3\},\{x_4\},\{x_5\},\{x_6\},\{x_7\},\{x_8\}\}$$

（2）下近似与上近似。

定义 2.5（下近似和上近似）[238]　给定知识库$K=(U,S)$，对$\forall X\subseteq U$和一个等价关系$R\in IND(K)$，则X的R下近似和R上近似为

$$\underline{R}(X)=\{x\mid(\forall x\in U)\wedge([x]_R\subseteq X)\}=\bigcup\{Y\mid(\forall Y\in U/R)\wedge(Y\subseteq X)\}\tag{2.2}$$

$$\overline{R}(X)=\{x\mid(\forall x\in U)\wedge([x]_R\cap X\neq\varnothing)\}=\bigcup\{Y\mid(Y\in U/R)\wedge(Y\cap X\neq\varnothing)\}\tag{2.3}$$

集合$bn_R(X)=\overline{R}(X)-\underline{R}(X)$称为$X$的$R$边界域，集合$pos_R(X)=\underline{R}(X)$称为$X$的$R$正域，集合$neg_R(X)=U-\overline{R}(X)$称为$X$的$R$负域，显然，$\overline{R}(X)=pos_R(X)\cup bn_R(X)$。

由图 2.1 可以看到：$\underline{R}(X)$或$pos_R(X)$是由那些根据R判断肯定属于X的U中元素组成的集合；$\overline{R}(X)$是由那些根据R判断肯定属于或可能属于X的U中元素组成的集合；$bn_R(X)$是由那些根据R既不能判断肯定属于X又不能判断肯定不属于X的U中元素组成的集合；$neg_R(X)$是由那些根据R判断肯定不属于X的U中元素组成的集合。

例 2.2　表 2.1 中给定一个职员信息的论域$U=\{x_1,x_2,\cdots,x_8\}$和论域上一个等价关系身材R_1，且$U/R_1=\{\{x_1,x_3,x_7\},\{x_2,x_4\},\{x_5,x_6,x_8\}\}=\{$“高大”，“中等”，“矮小”$\}$。要求描述概念$A=\{x_1,x_2,x_4\}$的$R_1$-下近似，$R_1$-上近似，$R_1$-边界域，$R_1$-正域和$R_1$-负域。

解：

A的R_1-下近似$\underline{R_1}(A)=\{x\mid(\forall x\in U)\wedge([x]_{R_1}\subseteq A)\}=\{x_2,x_4\}=$“中等”，

A的R_1-上近似$\overline{R_1}(A)=\{x\mid(\forall x\in U)\wedge([x]_{R_1}\cap A\neq\varnothing)\}=\{x_1,x_3,x_7,x_2,x_4\}=$“高大或中等”，

A的R_1-边界域$bn_{R_1}(A)=\overline{R_1}(A)-\underline{R_1}(A)=\{x_1,x_3,x_7\}=$“高大”，

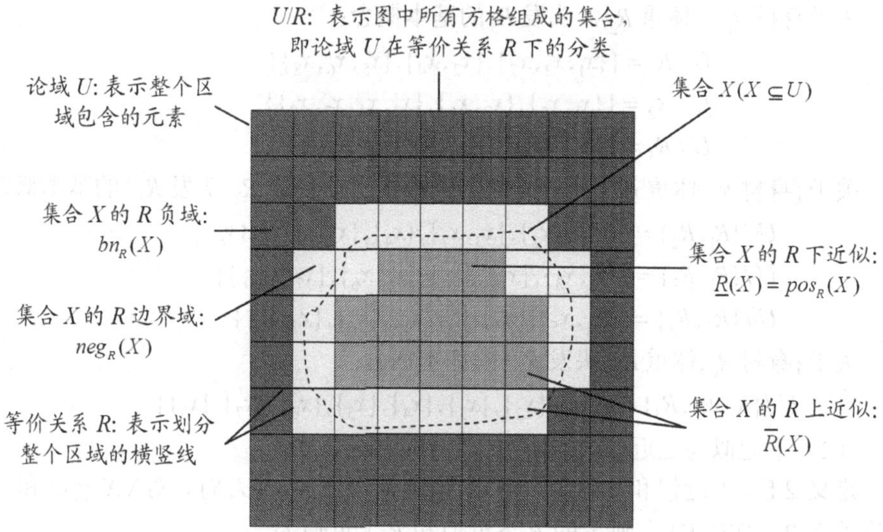

图 2.1　集合 X 的下近似、上近似、边界域的示意图

A 的 R_1-正域 $pos_{R_1}(A)=\underline{R_1}(A)=\{x_2,x_4\}=$ “中等”，

A 的 R_1 -负域 $neg_{R_1}(A)=U-\overline{R_1}(A)=\{x_5,x_6,x_8\}=$ “矮小”。

很明显，依据知识 R_1 判断，集合 $\{x_2,x_4\}$ 的元素肯定属于概念 A；依据知识 R_1 判断，集合 $\{x_1,x_3,x_7\}$ 的元素既不肯定属于概念 A，也不肯定不属于概念 A；依据知识 R_1 判断，集合 $\{x_5,x_6,x_8\}$ 的元素肯定不属于概念 A。

（3）知识的依赖度。

定义 2.6（知识的依赖度）[238]　给定一个知识库 $K=(U,S)$，$\forall P,Q\in IND(K)$，定义

$$\gamma_P(Q)=k=\frac{|pos_P(Q)|}{|U|}=\frac{|\bigcup_{X\in U/Q}\underline{P}(X)|}{|U|} \tag{2.4}$$

为 Q 依赖于 P 的程度，简记为 $P\Rightarrow_k Q$。其中，$pos_P(Q)=\bigcup_{X\in U/Q}\underline{P}(X)$ 是 Q 的 P 正域，$|U|$ 表示集合 U 的基数。

例 2.3　给定知识库 $K=(U,S)$ 和 $P,Q\in IND(K)$，其中：$U=\{x_1,x_2,\cdots,x_8\}$；$U/Q=\{X_1,X_2,X_3,X_4,X_5\}$，$X_1=\{x_1\}$，$X_2=\{x_2,x_7\}$，$X_3=\{x_3,x_6\}$，$X_4=\{x_4\}$，$X_5=\{x_5,x_8\}$；$U/P=\{Y_1,Y_2,Y_3,Y_4,Y_5,Y_6\}$，$Y_1=\{x_1,x_5\}$，$Y_2=\{x_2,x_8\}$，$Y_3=\{x_3\}$，$Y_4=\{x_4\}$，$Y_5=\{x_6\}$，$Y_6=\{x_7\}$。试计算 Q 对 P 的依赖度 $\gamma_P(Q)$。

解：因为 $U/Q=\{X_1,X_2,X_3,X_4,X_5\}$，$U/P=\{Y_1,Y_2,Y_3,Y_4,Y_5,Y_6\}$，根据上、

下近似的定义可得

$$\underline{P}(X_1)=\{x\mid(\forall x\in U)\wedge([x]_P\subseteq X_1)\}=\varnothing$$
$$\underline{P}(X_2)=\{x\mid(\forall x\in U)\wedge([x]_P\subseteq X_2)\}=\{x_7\}=Y_6$$
$$\underline{P}(X_3)=\{x\mid(\forall x\in U)\wedge([x]_P\subseteq X_3)\}=\{x_3,x_6\}=Y_3\cup Y_5$$
$$\underline{P}(X_4)=\{x\mid(\forall x\in U)\wedge([x]_P\subseteq X_4)\}=\{x_4\}=Y_4$$
$$\underline{P}(X_5)=\{x\mid(\forall x\in U)\wedge([x]_P\subseteq X_5)\}=\varnothing$$

因此，$pos_P(Q)=\bigcup_{\forall X\in U/Q}\underline{P}(X)=\bigcup_{i=1}^{5}\underline{P}(X_i)=Y_3\cup Y_4\cup Y_5\cup Y_6=\{x_3,x_4,x_6,x_7,\}$。

再根据知识依赖度的计算公式可得

$$\gamma_P(Q)=k=\frac{|pos_P(Q)|}{|U|}=\frac{\left|\bigcup_{X\in U/Q}\underline{P}(X)\right|}{|U|}=\frac{4}{8}=0.5$$

（4）知识约简。

知识库中的知识并不都是必须的，因此需要进行知识约简，这是粗糙集理论的核心内容之一。由于知识约简与知识的独立性有关，所以先介绍知识约简。

定义 2.7（知识独立性）[238] 给定知识库 $K=(U,S)$ 和 K 中的一个等价关系族 $P\subseteq S,\forall R\in P$，若

$$IND(P)=IND(P-\{R\}) \tag{2.5}$$

成立，则称 R 为 P 中不必要的，否则称 R 为 P 中必要的，若对 $\forall R\in P$，R 都为 P 中必要的，则称 P 为独立的，否则称 P 是依赖的或不独立的。

定义 2.8（知识的约简）[238] 给定知识库 $K=(U,S)$ 和 K 中的一族等价关系 $P\subseteq S$，对 $\forall G\subseteq P$，若 G 同时满足：①G 是独立的；②$IND(G)=IND(P)$。则称 G 是 P 的一个约简，记为 $G\in RED(P)$，其中 $RED(P)$ 是由 P 的所有约简构成的集合。

在通常情况下，知识的约简并不唯一，可以有多个。

定义 2.9（知识的核）[238] 给定知识库 $K=(U,S)$ 和 K 中的一个等价关系族 $P\subseteq S$，对 $\forall R\in P$，若 R 满足

$$IND(P-\{R\})\neq IND(P) \tag{2.6}$$

则称 R 为 P 中必要的，那么 P 的核是由 P 中所有必要的知识构成的集合，记为 $CORE(P)$。

值得注意的是，核是唯一的。知识的约简与知识的核之间具有如下所述的关系。

定理 2.1[238] $CORE(P)=\bigcap RED(P)$。

定理 2.1 的证明从略，可参阅文献[239]。

定理 2.1 表明，对于知识的约简而言，知识的核是其最基础的部分。知识的所有约简的交集就等于知识的核。

实际上，在许多应用中发现，研究两个分类之间的相对关系是非常重要的。

定义 2.10（知识的相对独立性）[238]　给定知识库 $K=(U,S)$ 和 K 中的两个等价关系族 $P,Q\subseteq S$，$\forall R\in P$，若

$$pos_{IND(P)}(IND(Q)) = pos_{IND(P-\{R\})}(IND(Q)) \tag{2.7}$$

成立，则称 R 为 P 中 Q 不必要的，否则称 R 为 P 中 Q 必要的，也常用 $pos_P(Q)$ 代替 $pos_{IND(P)}(IND(Q))$。

若对 $\forall R\in P$，R 都为 P 中 Q 必要的，则称 P 为 Q 独立的，否则称 P 是 Q 依赖的或 Q 不独立的。

定义 2.11（知识的相对约简）[238]　给定知识库 $K=(U,S)$ 和 K 上的两个等价关系族 $P,Q\subseteq S$，对 $\forall G\subseteq P$，若 G 满足：①G 是 Q 独立的；② $pos_G(Q)=pos_P(Q)$。则称 G 是 P 的一个 Q 约简，记为 $G\in RED_Q(P)$，其中，$RED_Q(P)$ 表示由 P 的全体 Q 约简所组成的集合。

通常情况下，知识的相对约简也不唯一，可以有多个。

定义 2.12（知识的相对核）[238]　给定知识库 $K=(U,S)$ 和 K 上的两个等价关系族 $P,Q\subseteq S$，对 $\forall R\in P$，若 R 满足

$$pos_{IND(P-\{R\})}(IND(Q)) \neq pos_{IND(P)}(IND(Q)) \tag{2.8}$$

则称 R 为 P 中 Q 必要的，P 中所有 Q 必要的知识组成的集合称为 P 的 Q 核，或称为 P 的相对于 Q 的核，记为 $CORE_Q(P)$。

值得注意的是，知识的相对核也是唯一的。知识的相对约简与知识的相对核之间具有如下所述的关系。

定理 2.2[238]　$CORE_Q(P)=\bigcap RED_Q(P)$。

该定理的证明类似于定理 2.1，故从略。

易知，当 $P=Q$ 时，知识的相对约简与相对核就转化为知识的约简与核。

（5）知识表达系统。

定义 2.13（知识表达系统）[238]　四元组 $KRS=(U,A,V,f)$ 是一个知识表达系统。其中：U 是论域；A 是特征集合；$V=\bigcup_{a\in A}V_a$，V_a 表示特征 $a\in A$ 的值域；f 是 $U\times A\to V$ 上的一个信息函数，对 $\forall a\in A,x\in U,f(x,a)\in V_a$。

特别地，在知识表达系统 $KRS=(U,A,V,f)$ 中，若 $A=C\cup D,C\cap D=\varnothing$，$C$ 是条件特征集，D 是决策特征集，则四元组 $DT=(U,C\cup D,V,f)$ 称为决策表，可简记为 $DT=(U,C\cup D)$。

当$IND(C) \subseteq IND(D)$时，称决策表DT是相容的；当$\forall \beta \in C \cup D$，$\forall x \in U$，$f_\beta(x)$没有缺省值时，称$DT$是完备的，否则是不完备的；当$|D| \geqslant 2$时，称$DT$为多决策表；当$|D|=1$时，称$DT$为单决策表。

为了简化问题，突出本书的研究内容，约定本书中讨论的决策表都是完备的、相容的单决策表，下面讨论单决策表的粗糙集特征选择。

2.2.2 基于粗糙集的特征选择

前已述及，按搜索方法的不同，粗糙集的特征选择有三种方法，现分述如下。

2.2.2.1 穷举法

穷举法是指首先求出所有特征子集，然后从中选取具有最少基数特征子集的方法。区分矩阵（差别矩阵）是粗糙集理论的核心概念之一。Skowron 和 Rauszer[4] 首先提出区分矩阵的概念，然后基于此提出求解信息系统完备（所有）约简的方法。利用任意两个对象之间的不同特征，来描述数据集中蕴涵的分类知识，然后从这些数据中构造出区分函数，最后转化成最简形式。

定义 2.14（决策表的区分矩阵）[238] 设决策表$DT=(U, C \cup D)$，其中$U=\{x_1, x_2, \cdots, x_n\}$，$|U|=n$，则定义

$$\boldsymbol{M}_{n\times n}=(c_{ij})_{n\times n}=\begin{bmatrix} c_{11} & c_{12} & \cdots & c_{1n} \\ c_{21} & c_{22} & \cdots & c_{2n} \\ \vdots & \vdots & \ddots & \vdots \\ c_{n1} & c_{n2} & \cdots & c_{nn} \end{bmatrix}=\begin{bmatrix} c_{11} & c_{12} & \cdots & c_{1n} \\ * & c_{22} & \cdots & c_{2n} \\ \vdots & \vdots & \ddots & \vdots \\ * & * & \cdots & c_{nn} \end{bmatrix}=\begin{bmatrix} c_{11} & * & \cdots & * \\ c_{21} & c_{22} & \cdots & * \\ \vdots & \vdots & \ddots & \vdots \\ c_{n1} & c_{n2} & \cdots & c_{nn} \end{bmatrix}$$

为决策表的区分矩阵，其中，$i, j=1,2,\cdots,n$。

$$c_{ij}=\begin{cases} \{a \mid (a \in C) \wedge (f_a(x_i) \neq f_a(x_j))\}, & f_D(x_i) \neq f_D(x_j) \\ \varnothing, & f_D(x_i) \neq f_D(x_j) \wedge f_C(x_i)=f_C(x_j) \\ -, & f_D(x_i)=f_D(x_j) \end{cases} \tag{2.9}$$

因为$c_{ij}=c_{ji}(i, j=1,2,\cdots,n)$，所以$\boldsymbol{M}_{n\times n}$是对称矩阵，常用上三角或下三角矩阵表示。

定理 2.3[238] 设决策表$DT=(U, C \cup D)$，其差别矩阵为$\boldsymbol{M}_{n\times n}$，$CORE_C(D)$是$DT$的相对$D$核。若$DT$是相容的，则$CORE_C(D)$等于$DT$中所有单特征元素构成的集合，即

$$CORE_C(D)=\{a \mid (a \in C) \wedge (\exists c_{ij}, ((c_{ij} \in M_{n\times n}) \wedge (c_{ij}=\{a\})))\} \tag{2.10}$$

定理 2.3 的证明从略，详见文献[238]。

定理 2.4[238] $\forall B \subseteq C$，若B满足以下两个条件：①$\forall c_{ij} \in M_{n\times n}$，当$c_{ij} \neq \varnothing$，

$c_{ij} \neq -$ 时，都有 $B \cap c_{ij} \neq \varnothing$；②$B$ 是相对 D 独立的，那么 B 是决策表的一个相对约简。

定理 2.4 的证明从略，详见文献[238]。

基于区分矩阵的决策表特征选择算法

<table>
<tr><td>

输入： $DT=(U, C \cup D)$。
输出： $RED_C(D)$。

</td></tr>
<tr><td>

Step1：计算 $\boldsymbol{M}_{n\times n}(DT)$。
Step2：对 $\forall c_{ij} \in \boldsymbol{M}_{n\times n}(DT)$ 进行判断，若 $\forall c_{ij} \neq \varnothing$，则转到 Step3，否则退出。
Step3：搜索 $\boldsymbol{M}_{n\times n}(DT)$ 中的所有单特征元素，将其赋给 $CORE_C(D)$，即
$CORE_C(D)=\{a \mid (a \in C) \wedge (\exists c_{ij}, ((c_{ij} \in M_{n\times n}(DT)) \wedge (c_{ij}=\{a\})))\}$
Step4：对每一个包含 $CORE_C(D)$ 的特征组合 B，进行判断：
（1）$\forall c_{ij} \in \boldsymbol{M}_{n\times n}(DT)$，当 $c_{ij} \neq \varnothing$，是否有 $B \cap c_{ij} \neq \varnothing$？不考虑 $c_{ij} = \varnothing \vee -$ 的情形；
（2）B 是相对 D 独立的？
若满足上述两个条件，则将其赋给 $RED_C(D)$。
Step5：输出 $RED_C(D)$，算法结束。

</td></tr>
</table>

可见，上述算法中，对每一个特征组合 B 都要判断 B 是否相对 D 独立，需要耗费一定的计算时间。因此，下面引入区分函数（差别函数），可以避开特征组合独立性的验证。

定义 2.15（决策表的区分函数）[238]　给定决策表 $DT=(U, C \cup D)$。其中 $U=\{x_1, x_2, \cdots, x_n\}$，$|U|=n$，$\forall a \in A$，令 $\forall x_i, x_j \in U$ 相对于特征 a 的区分变量

$$a(x_i, x_j)=\begin{cases}\{a \mid (a \in C) \wedge (f_a(x_i) \neq f_a(x_j))\}, & f_D(x_i) \neq f_D(x_j) \\ \varnothing, & f_D(x_i) \neq f_D(x_j) \wedge f_C(x_i)=f_C(x_j) \\ -, & f_D(x_i)=f_D(x_j)\end{cases}$$

然后再令

$$\sum a(x_i, x_j)=\begin{cases}a_{l1} \vee a_{l2} \vee \cdots \vee a_{lk}, & a(x_i, x_j)=\{a_{l1}, a_{l2}, \cdots, a_{lk}\}(1 \leqslant k \leqslant |C|) \\ 1, & a(x_i, x_j)=\varnothing \vee -\end{cases} \tag{2.11}$$

则 DT 的区分函数如下：

$$\Delta=\prod_{\forall (x_i, x_j) \in U \times U} \sum a(x_i, x_j) \overset{def}{=} \bigwedge_{\forall (x_i, x_j) \in U \times U} \sum a(x_i, x_j), i, j=1,2, \cdots, n \tag{2.12}$$

区分函数Δ的性质：

（1）区分函数Δ的极小析取范式中的所有合取式所对应的区分变量是决策表 DT 的所有相对 D 约简 $RED_C(D)$。

（2）$CORE_C(D)$ 是区分函数Δ中所有单特征元素组成的集合，即

$$CORE_C(D)=\{a \mid (a\in C)\wedge(a(x_i,x_j)=\{a\}),\forall x_i,x_j\in U\} \tag{2.13}$$

（3）对 $B\subseteq C$，若 B 满足：

1）$\forall((a(x_i,x_j)\neq\varnothing)\wedge(a(x_i,x_j)\neq -))$，$B\cap a(x_i,x_j)\neq\varnothing$；

2）B 是相对 D 独立的。

则 B 一定是 DT 的一个相对 D 约简。

基于区分函数的决策表特征选择算法

输入：$DT=(U,C\cup D)$。 **输出**：$RED_C(D)$。
Step1：计算 $\boldsymbol{M}_{n\times n}(DT)$。 Step2：对 $\forall((c_{ij}\in \boldsymbol{M}_{n\times n}(DT))\wedge(c_{ij}\neq\varnothing)\wedge(c_{ij}\neq -))$，求出 $L_{ij}:L_{ij}=\bigvee_{\forall a_{l_k}\in c_{ij}} a_{l_k}$。 Step3：计算合取范式 $L=L_{\wedge}(\vee)=\bigwedge_{c_{ij}\neq\varnothing} L_{ij}$。 Step4：转换为极小析取范式 $L'=L'_{\vee}(\wedge)=\bigvee_k L_k$。 Step5：输出 $RED_C(D)=\{L' \mid \forall L'\in L'_{\vee}(\wedge)\}$，算法结束。

例 2.4 有一个相容、完备的单决策表 $DT=(U,C\cup D)$，见表2.2。其中，论域 $U=\{u_1,u_2,u_3,u_4,u_5,u_6\}$，条件特征集 $C=\{a,b,c\}$，决策特征 $D=\{d\}$。试求该决策表 DT 的相对核 $CORE_C(D)$ 和约简 $RED_C(D)$。

表 2.2 决策表 DT

U	a	b	c	d
u_1	0	0	0	0
u_2	0	1	1	1
u_3	0	0	0	0
u_4	1	0	1	1
u_5	1	0	1	1
u_6	1	1	1	0

解：

必须首先求出 DT 的 $\boldsymbol{M}_{n\times n}(DT)$ 和区分函数 Δ。

$$\boldsymbol{M}_{6\times6}(DT)=(C_{ij})_{6\times6}\begin{bmatrix} - & & & & & \\ b,c & - & & & & \\ - & b,c & - & & & \\ a,c & - & a,c & - & & \\ a,c & - & a,c & - & - & \\ - & a & - & b & b & - \end{bmatrix}_{6\times6},$$

其中，$(C_{ij})_{6\times6}$ 中 $i,j=1,2,\cdots,6$ （$i\geqslant j$）。

从 $\boldsymbol{M}_{n\times n}(DT)$ 求得该 DT 满足“非空和非-”的所有 9 个析取逻辑表达式如下：

$$L_{2,1}=b\vee c,\quad L_{3,2}=b\vee c,\quad L_{4,1}=a\vee c$$

$$L_{4,3}=a\vee c,\quad L_{5,1}=a\vee c,\quad L_{5,3}=a\vee c$$

$$L_{6,2}=a,\quad L_{6,4}=b,\quad L_{6,5}=b$$

显然有：$CORE_C(D)=\{a\,|\,(a\in C)\wedge(a(x_i,x_j)=\{a\}),\forall x_i,x_j\in U\}=\{a,b\}$。

接着，通过区分函数 Δ 对这些表达式进行合取，得到如下合取表达式：

$$\begin{aligned}L_{\wedge}(\vee)&=L_{2,1}\wedge L_{3,2}\wedge L_{4,1}\wedge L_{4,3}\wedge L_{5,1}\wedge L_{5,3}\wedge L_{6,2}\wedge L_{6,4}\wedge L_{6,5}\\&=(b\vee c)\wedge(b\vee c)\wedge(a\vee c)\wedge(a\vee c)\wedge(a\vee c)\wedge(a\vee c)\wedge a\wedge b\wedge b\end{aligned}$$

然后对 $L_{\wedge}(\vee)$ 进行转换，得到极小析取范式：$L'_{\vee}(\wedge)=a\wedge b$，则 $RED_C(D)=\{a,b\}$。

可见，上述算法的实质是对逻辑公式的化简，如果特征空间过于庞大，得到的析取逻辑表达式 L_{ij} 不仅数目众多，而且大量重复，对逻辑公式的化简将导致计算量增大。因此，必须考虑启发式方法。

2.2.2.2　*启发式方法*

启发式方法是一种近似算法，实现过程比较简单而且快速，在实际中应用非常广泛。通常采用不同的标准来定义粗糙集的特征重要性，然后将其作为启发式信息，从一个空集或全部特征集开始，采用前向选择或后向删除的方法得到最优特征子集。下面，给出四种代表性的启发式方法。

（1）基于正域的特征选择算法。Hu 和 Cereone[9]提出基于正域的特征选择算法。后来，又有很多学者在此基础上，提出改进算法。这里给出有代表性的 QUICKREDUCT 算法[10]，其将特征的重要性定义为增加该特征后正域变化的大小。

定义 2.16（决策表中特征的重要性）[238]　给定一个决策表 $DT=(U,C\cup D)$，$\forall R\subseteq C$ 及 $\forall a\in C-R$，定义

$$SGF(a,R,D)=\gamma_{IND(R\cup\{a\})}(D)-\gamma_{IND(R)}(D)=\frac{|pos_{R\cup\{a\}}(D)|-|pos_R(D)|}{|U|} \quad (2.14)$$

该算法比较简单、直观，以空集作为求解约简结果的出发点，按照特征的重要性从大到小逐个加入特征，直到特征子集的依赖度与原始特征集的依赖度相同为止。

基于正域的特征选择算法—QUICKREDUCT 算法[10]

输入：$DT=(U,C\cup D)$。 **输出**：最优特征子集 R。
Step1：$R=\varnothing$。 Step2：令 $T=R$。 Step3：$\forall x\in C-R$，若 $\gamma_{R\cup\{x\}}(D)>\gamma_T(D)$，则 $T=R\cup\{x\}$。 Step4：$R=T$。 Step5：若 $\gamma_R(D)=\gamma_C(D)$，转 Step6，否则转 Step2。 Step6：输出 R，算法结束。

（2）基于条件信息熵的特征选择算法。在前文 2.2.1 中，以不可分辨关系为基础，通过上、下近似的集合运算给出了粗糙集的代数定义。虽然这种定义表达简单，但不易理解。许多学者通过研究，从信息论的角度重新对粗糙集进行定义。王国胤等[12]从信息论的角度分析基于粗糙集的特征选择，证明：对于不包含不一致信息的决策表而言，知识约简的代数表示和信息表示是等价的。

设 U 为一个论域，P 和 Q 为 U 上的两个等价关系族。设 P 和 Q 在论域 U 上导出的划分分别为 X 和 Y，其中

$$X=U/IND(P)=\{X_1,X_2,\cdots,X_n\} \quad (2.15)$$

$$Y=U/IND(Q)=\{Y_1,Y_2,\cdots,Y_m\} \quad (2.16)$$

则有：

定义 2.17（概率分布）[12]　P 和 Q 在论域 U 上的子集组成的 σ-代数上定义的概率分布分别为

$$[X;p]=\begin{bmatrix} X_1 & X_2 & \cdots & X_n \\ p(X_1) & p(X_2) & \cdots & p(X_n) \end{bmatrix} \quad (2.17)$$

$$[Y;p]=\begin{bmatrix} Y_1 & Y_2 & \cdots & Y_m \\ p(Y_1) & p(Y_2) & \cdots & p(Y_m) \end{bmatrix} \quad (2.18)$$

在这里，

$$p(X_i)=\frac{|X_i|}{|U|},i=1,2,\cdots,n \tag{2.19}$$

$$p(Y_j)=\frac{|Y_j|}{|U|},j=1,2,\cdots,m \tag{2.20}$$

定义 2.18（联合概率分布）[12] P 和 Q 的联合概率分布定义为

$$[XY;p]=\begin{bmatrix} X_1\cap Y_1 & \cdots & X_i\cap Y_j & \cdots & X_n\cap Y_m \\ p(X_1Y_1) & \cdots & p(X_iY_j) & \cdots & p(X_nY_m) \end{bmatrix} \tag{2.21}$$

其中，积事件的概率计算公式为

$$p(X_iY_j)=\frac{|X_i\cap Y_j|}{|U|},i=1,2,\cdots,n;j=1,2,\cdots,m \tag{2.22}$$

定义 2.19（信息熵）[12] 给定 P 和它的概率分布，则称

$$H(P)=-\sum_{i=1}^{n}p(X_i)\log(p(X_i)) \tag{2.23}$$

为 P 的信息熵。

定义 2.20（条件熵）[12] 给定 P 和 Q 以及它们各自的概率分布和条件概率分布，则称

$$H(Q|P)=-\sum_{i=1}^{n}p(X_i)\sum_{j=1}^{m}p(Y_j|X_i)\log(p(Y_j|X_i)) \tag{2.24}$$

为 Q 相对于 P 的条件熵。

定义 2.21（特征重要性的信息定义）[12] 给定决策表 $DT=(U,C\cup D)$，对于 $\forall R\subseteq C$ 及 $\forall a\in C-R$，定义

$$SGF(a,R,D)=H(D|R)-H(D|R\cup\{a\}) \tag{2.25}$$

在已知 R 的条件下，$SGF(a,R,D)$ 越大，说明特征 a 对于决策 D 越重要。

在此基础上，王国胤等[12]提出基于条件信息熵的特征选择算法。该算法以决策表特征核为起点，逐次选择重要性最大的特征添加到特征核中，直至得到的特征子集 R 满足 $H(D|R)=H(D|C)$ 为止。

基于条件信息熵的特征选择算法—CEBARKCC 算法[12]

输入： $DT=(U,C\cup D)$。 **输出：** 最优特征子集 R。
Step1：计算条件熵 $H(D\|C)$。 Step2：计算 $C_o=CORE_C(D)$，并令 $Att=C-C_o$。 Step3：令 $R=C_o$，

Step3.1：如果 $\|R\|\neq 0$，则计算条件熵 $H(D\|R)$，转 Step3.4； Step3.2：对 $\forall a_i \in Att$，计算条件熵 $H(D\|R\cup\{a_i\})$； Step3.3：选择使 $H(D\|R\cup\{a_i\})$ 最小的特征 a_j（多个特征同时达到最小时，选取与 R 的特征值组合数最少的一个特征），$Att = Att-\{a_j\}$，$R=R\cup\{a_j\}$； Step3.4：若 $H(D\|R)=H(D\|C)$ 则终止，输出 R，否则转 Step3.2。

（3）基于互信息的启发式特征选择算法。苗夺谦和胡桂荣[15]从信息论的角度，用互信息的变化来衡量特征的重要性，提出一种基于互信息的特征选择算法。

定义 2.22（互信息）[12] 给定 P 和 Q 的信息熵和条件熵，则称

$$I(P;Q)=H(Q)-H(Q|P) \tag{2.26}$$

为 P 与 Q 的互信息。

基于互信息的特征选择算法—MIBARK 算法[15]

输入：$DT=(U,C\cup D)$。
输出：最优特征子集 R。
Step1：计算互信息 $I(C;D)$。 Step2：计算相对核 $C_o=CORE_C(D)$。 若 $C_o=\varnothing$，则 $I(C_o;D)=0$。 Step3：令 $R=C_o$，对集合 $C-R$ 重复： Step3.1：对 $\forall p\in(C-R)$，计算 $I(p;D\|R)$； Step3.2：选择使 $I(p;D\|R)$ 最大的特征，记作 p，并且 $R=R\cup\{p\}$； （若有多个特征同时达到最大时，则选取与 R 的特征值组合数最少的一个特征作为 p。） Step3.3：若 $I(R;D)=I(C;D)$ 则终止，否则转 Step3.1。 Step4：输出 R。

该算法首先计算决策表中条件特征与决策特征之间的互信息 $I(C;D)$ 和特征核 $CORE_C(D)$，然后以特征核为起点，逐次选择重要性最大的特征添加到特征核中，直至得到的特征子集 R 满足 $I(R;D)=I(C;D)$ 为止。

（4）基于特征频率的特征选择算法。Hu 等[16]将区分矩阵中特征的出现频率作为特征重要性，给出一种快速的特征排序机制，并在此基础上提出特征选择算法。

定义 2.23（特征频率函数）[16] 给定决策表 $DT=(U,C\cup D)$，其区分矩阵为 $\boldsymbol{M}_{n\times n}(DT)$，对 $\forall a\in C$，其特征频率函数定义为

$$w(a) = w(a) + \sum_{a \in A} \frac{|C|}{|A|} \tag{2.27}$$

式中，A 为区分矩阵中出现特征 a 的某一项。

特征频率函数其实就是特征重要性的另外一种表达，基于此的特征选择算法如下：

基于特征频率的特征选择算法[16]

输入：$DT=(U,C\cup D)$。 **输出**：最优特征子集 R。
Step1：$R=\varnothing$，对 $\forall a\in C$，$w(a)=0$。 Step2：计算区分矩阵 $\boldsymbol{M}_{n\times n}(DT)$，并同时计算每一个特征的频率 $w(a)$。 Step3：合并并排序区分矩阵 $\boldsymbol{M}_{n\times n}(DT)$。 Step4：对 $\boldsymbol{M}_{n\times n}(DT)$ 中的每一项 m，重复： 若 $m\cap R=\varnothing$，则选择 m 中具有最大 $w(a)$ 值的特征 a，并且 $R=R\cup\{a\}$； Step5：输出 R。

首先，该算法计算决策表的区分矩阵 $\boldsymbol{M}$ 和每一个特征的频率函数；然后，对区分矩阵合并同类项，并进行排序；接着，对 $\boldsymbol{M}$ 中的每一项 m 与当前特征子集 R 进行判断：如果 $m\cap R=\varnothing$，则将具有最大特征频率函数的特征 a 添加到 R，直至 R 满足 $m\cap R\neq\varnothing$ 为止。

综上所述，启发式方法都是利用特征重要性来选择下一个特征，由于不存在完备的启发式信息，会导致搜索沿着一条非最优的途径进行，无法保证最终结果的最优性，因此，启发式方法并不能保证找到最优的特征子集。

2.2.2.3 随机方法

随机方法是一种相对较新的方法，许多学者使用 GA 算法、禁忌搜索算法和模拟退火算法等随机方法来寻找最小约简。这里介绍具有代表性的 Wroblewski[18] 提出的 GA 算法。Wroblewski 在文中一共提出三种 GA 算法来产生最小约简。第一种算法是经典 GA 算法，个体采用位串来表示，算法速度很快，但有时会陷入局部最优；后两种算法是基于置换编码和贪婪算法，能够得到更好的结果，但需要增加计算时间。下面介绍第一种算法——经典 GA 算法。

该算法首先对决策表 $DT=(U,C\cup D)$ 计算区分矩阵。用每个位串来表示区分矩阵的一项，即两个对象的区分特征集。某位为“1”时表示选择该特征，为“0”时表示不选择。比如 $C=\{c_1,c_2,c_3\}$，若条件特征子集为 $\{c_1,c_2\}$，则编码为 110，每一个二进制位串实际上就是一个候选约简。适应值函数[18]定义如下：

$$F(r)=\frac{N-L_r}{N}+\frac{C_r}{(m^2+m)/2} \tag{2.28}$$

式中，N 为特征集合的长度；L_r 为位串 r 中“1”的个数；C_r 是位串 r 能区分的对象组合的个数；m 是对象的个数。

很明显，当位串 r 中“1”的个数 L_r 越小时，该函数值越大；位串 r 能区分的对象组合的个数 C_r 越大时，该函数值越大。也就是说，该适应值函数由两部分组成，前一部分的目的是希望 L_r 的长度尽可能小，后一部分则是希望能区分的对象组合 C_r 尽可能多。这也正是约简的目标，在保持原始数据集分类能力不变的前提下，得到包含特征个数最少的特征子集。

然后依照如下步骤进行操作，直至得到最后的约简，具体算法内容描述如下：

经典 GA 算法[18]

Step1：产生初始种群。

Step2：用适应值函数对群体中的每个个体进行评价。

Step3：按与父本优劣度成正比的概率选择父本；
　　以一定的概率进行杂交；
　　以一定的概率进行变异。

Step4：判断是否满足终止条件，若满足则转 Step5，否则转 Step2。

Step5：检验终止群体中的每个个体，得到所有的候选约简，对各候选约简中的多余特征进行删除后，得到最终的约简集。

到目前为止，三种基于粗糙集的特征选择方法已经进行了介绍。穷举法，虽然能够得到最优的特征子集，但需要求出所有满足要求的特征子集，计算复杂度高，并且需要消耗大量的时间，所以不适合处理大数据集；启发式方法，简单、快速且效率较高，但由于不存在完备的启发式信息，并不能保证找到最优的特征子集；随机方法，虽然能够提供一个更好的特征选择解决方案，但是操作非常耗时，需要进行大量的计算，而且也无法保证每次都能得到最优特征子集。因此，探索更有效的特征选择算法势在必行。

群智能方法[240]是一种概率搜索算法，能够有效解决大多数优化问题，具有潜在的并行性和分布式特点。目前已经有一些群智能代表性算法在粗糙集特征选择中崭露头角，并彰显出独特优势。

2.3 群智能

20 世纪 80 年代，研究人员通过对蚂蚁、大雁、蜜蜂等群居生物群体行为的模拟，相继产生一些用于解决计算机传统问题和实际应用问题的智能优化方法，称为群智能。

群智能中的代表性算法都属于启发式随机搜索算法，它们依靠群体之间的信息共享来求解复杂问题，体现了群智能的协作性、简单性和分布性等特点。群智能为许多传统方法较难解决的组合优化、知识发现和 NP-难问题提供了新的求解方案，为许多前瞻性研究提供了新的思路，具有重要的学术意义和现实价值。

目前，群智能研究领域的几种代表性算法已逐渐应用于粗糙集特征选择中。由于 ACO 算法适合于求解组合优化问题，PSO 算法在离散空间优化方面较为成熟，ABC 算法处于起步阶段，发展空间很大，所以下面重点介绍这三种算法。

2.3.1 蚁群优化算法

ACO 算法由 Colorni 等[25]于 1991 年提出，它是通过模拟自然界中蚂蚁觅食而得出的一种仿生优化算法。

仿生学家经过长期研究发现：蚂蚁虽然没有视觉，但它们可以依靠自身释放出的一种特殊分泌物——信息素，来准确找到一条从蚁巢通往食物源的最佳路径[241,242]。蚂蚁在其经过的路径上会留下一定量的信息素，经过的路径越短，则蚂蚁释放的信息量越大，反之路径越长，释放的信息量就越小。当它们碰到一个从未走过的路口时，会随机挑选一条路径前行。蚂蚁们在经过的路径上释放一定的信息量，对于信息量较大的路径，后来的蚂蚁选择的概率就较大，称为“正反馈机制”。随着最优路径上的信息量逐渐增大，而其余路径上的信息量则随着时间的流逝而逐渐消减，最终整个蚁群会找出最优路径。蚁群对最优路径的搜索原理可用图 2.2 进一步进行描述。

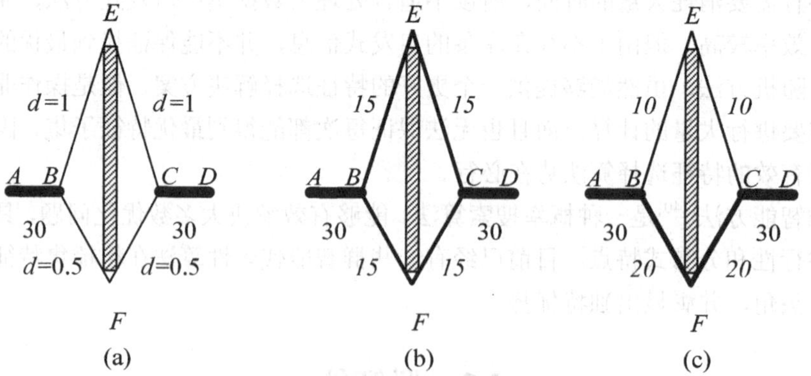

图 2.2 自然界中的蚂蚁觅食模拟

在图 2.2 中，假设 A 点是蚁巢，D 点是食物源，EF 为一障碍物，各点之间的距离如图 2.2（a）所示。在每个时间单位，假设有 30 只蚂蚁经过障碍物 EF 由蚁巢 A 到达食物源 D，同样也有 30 只蚂蚁由 D 到达 A。设蚂蚁经过后，路径上留下的信息量为 1。为了方便起见，设该物质停留时间为 1。在初始时刻，由于各路径上均无信息素存在，故位于蚁巢 A 和食物源 D 的蚂蚁均以相同的概率随机选择路径，如图 2.2（b）所示。经过一段时间后，路径 BFC 上的蚂蚁数达到 20 只，而路径 BEC 上的蚂蚁数只有 10 只，如图 2.2（c）所示。最终，蚂蚁将会完全选择路径 BFC，找到由蚁巢 A 到食物源 D 的一条最短路径。

通常采用 ACO 算法来求解复杂的组合优化问题，基本 ACO 算法的程序流程图如图 2.3 所示。首先蚁群中的每只蚂蚁从初始节点出发，通过计算概率转移公式，依照概率来不断选择下一个节点，直至形成一个可行解；当所有蚂蚁都得到一个可行解（完成一次遍历）后，根据信息素更新公式对蚂蚁经过路径上的信息素进行更新；当满足终止条件时，输出求解结果，否则所有蚂蚁继续进行下一次遍历。

下面以 TSP 问题为例进行具体描述。TSP 问题是一个 NP-难问题，其实质是在 n 个节点的完全图上，寻找一条最短路径。

设 $b_i(t)$ 表示 t 时刻位于城市 i 中的蚂蚁个数，m 表示蚁群中蚂蚁的数量，则 $m=\sum_{i=1}^{n} b_i(t)$。

设 $\tau_{ij}(t)$ 表示 t 时刻在路径 (i,j) 上残留的信息素浓度，则初始时刻各路径 (i,j) 上的信息素浓度 $\tau_{ij}(0)$ 均相等，可设 $\tau_{ij}(0)=\mathrm{C}$（C 为常数）。

$p_{ij}^{k}(t)$ 表示 t 时刻蚂蚁 $k(k=1,2,\cdots,m)$ 由城市 i 选择下一个城市 j 的概率，计算公式为

$$p_{ij}^{k}(t)=\begin{cases}\dfrac{[\tau_{ij}(t)]^{\alpha}\cdot[\eta_{ij}(t)]^{\beta}}{\sum\limits_{s\subset allowed_k}[\tau_{is}(t)]^{\alpha}\cdot[\eta_{is}(t)]^{\beta}}, & 若 j\in allowed_k \\ 0, & 否则\end{cases} \tag{2.29}$$

式中，$allowed_k$ 为允许蚂蚁 k 选择的城市集合；α 为信息素浓度因子，表示路径上的信息素浓度对蚂蚁所起的作用；β 为启发式信息因子，表示启发式信息对蚂蚁所起的作用；$\eta_{ij}(t)$ 为启发式函数，其表达式如下：

$$\eta_{ij}(t)=\frac{1}{d_{ij}} \tag{2.30}$$

式中，$d_{ij}(i,j=1,2,\cdots,n)$ 为城市 i 和 j 之间的距离。

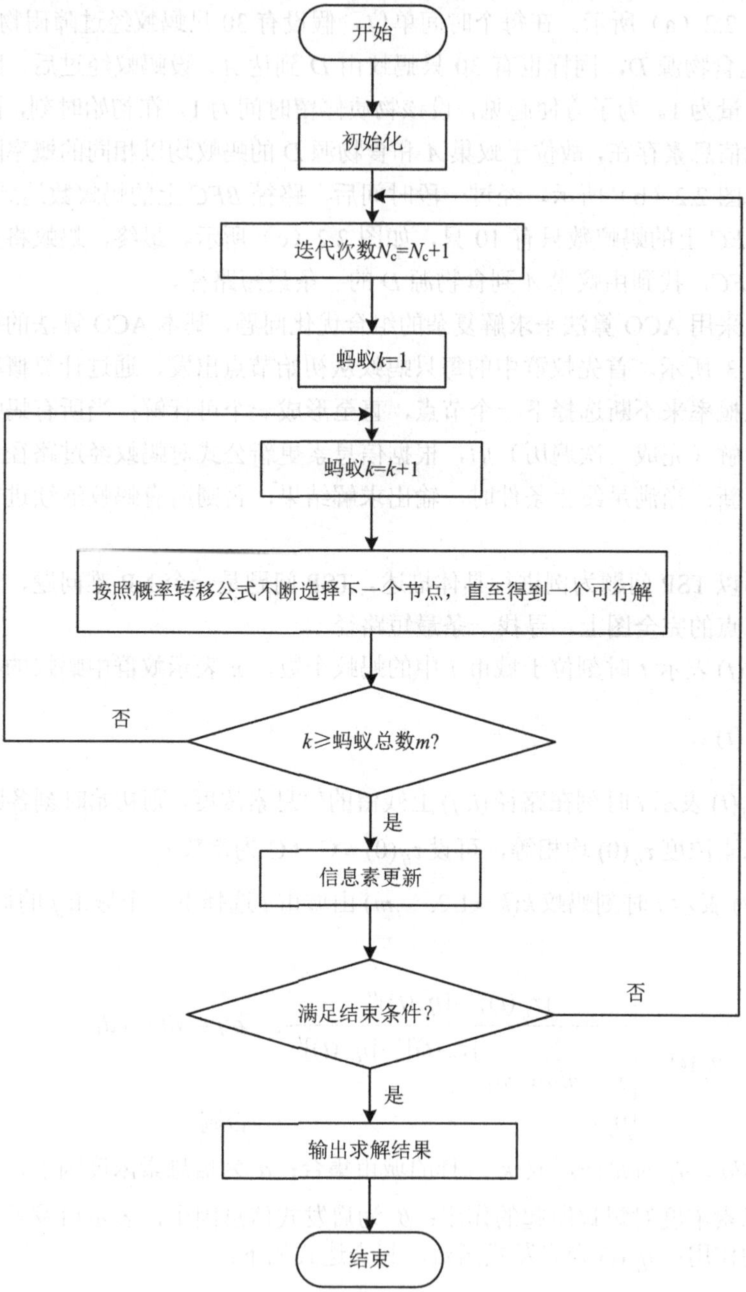

图 2.3　基本 ACO 算法流程图

当所有的蚂蚁根据概率转移公式不断选择下一个城市，直到走完所有 n 个城市（完成一次遍历）后，要根据信息素更新公式对路径上的信息量作如下更新：

$$\tau_{ij}(t+n)=(1-\rho)\cdot\tau_{ij}(t)+\Delta\tau_{ij}(t) \tag{2.31}$$

$$\Delta\tau_{ij}(t)=\sum_{k=1}^{m}\Delta\tau_{ij}^{k}(t) \tag{2.32}$$

式中，ρ 为信息素挥发系数，$\rho\subset[0,1)$；$\Delta\tau_{ij}(t)$ 为 t 时刻路径 (i,j) 上的信息素增量，初始时刻 $\Delta\tau_{ij}(0)=0$，$\Delta\tau_{ij}^{k}(t)$ 为 t 时刻蚂蚁 k 留在路径 (i,j) 上的信息素增量。

M.Dorigo 提出如下三种不同的 ACO 算法模型，其区别在于 $\Delta\tau_{ij}^{k}(t)$ 的求法。

在蚁周 Ant-Cycle 模型中：

$$\Delta\tau_{ij}^{k}(t)=\begin{cases}\dfrac{Q}{L_k}, & 若蚂蚁k在时刻t到t+n之间从i到j\\ 0, & 否则\end{cases} \tag{2.33}$$

式中，Q 为常量，表示信息素强度；L_k 为 t 时刻蚂蚁 k 所经过路径的总长度。

在蚁量 Ant-Quantity 模型中：

$$\Delta\tau_{ij}^{k}(t)=\begin{cases}\dfrac{Q}{d_{ij}}, & 若蚂蚁k在时刻t到t+1之间从i到j\\ 0, & 否则\end{cases} \tag{2.34}$$

在蚁密 Ant-Density 模型中：

$$\Delta\tau_{ij}^{k}(t)=\begin{cases}Q, & 若蚂蚁k在时刻t到t+1之间从i到j\\ 0, & 否则\end{cases} \tag{2.35}$$

在蚁周 Ant-Cycle 模型中，当蚂蚁走完一遍所有的城市后更新信息素，而在蚁量 Ant-Quantity 模型和蚁密 Ant-Density 模型中，当蚂蚁从城市 i 走过城市 j 就对路径 (i,j) 更新信息素。很明显，蚁周 Ant-Cycle 模型使用的是整体信息素更新方式，而其他两个模型并非如此。研究人员通过实验已经得出结论，前者优于后两者，因此，现在的 ACO 算法中都采用蚁周 Ant-Cycle 模型。

结合前面给出的求解 TSP 问题的例子可以看出：ACO 算法模拟真实蚂蚁的觅食行为，根据概率转移公式不断选择下一个城市，同时调整所经过路径上的信息素浓度，通过蚂蚁之间的群体协作和正反馈控制，可以找到一条经过 n 个城市的最短路径。虽然 ACO 算法在求解组合优化问题上效果较好，但也有一些不足之处：

（1）算法搜索时间长。与其他的寻优算法相比较，ACO 算法的搜索时间过长，大量的时间花费在解的构造上。对于 TSP 问题，ACO 算法在搜索的过程中，每只蚂蚁在搜索的每一步都需要使用概率转移公式来计算当前可选城市的选择概率，当问题规模较大时，这个过程需要花费大量的时间。

（2）容易陷入局部最优。ACO 算法中通过信息素的更新，使得较短路径上的信息素不断增强，蚂蚁根据概率转移公式选择该路径的概率也逐渐增大，正反馈机制使得搜索进行到一定的程度后，所有蚂蚁发现的解趋于一致，容易陷入局部最优。

（3）参数的设置对算法影响较大。ACO 算法中参数较多，在算法开始时，这些参数如蚂蚁数 m、初始信息素浓度 $\tau_{ij}(0)$、信息素挥发系数 ρ、信息素浓度因子 α、启发式信息因子 β 和信息素强度 Q 都要进行设置，它们对算法最终的寻优结果影响较大。

针对以上问题，本书将 ACO 算法与粗糙集相结合，提出一种改进算法，并将其应用于特征选择中，具体内容见第 3 章。

2.3.2 粒子群优化算法

PSO 算法由 Kennedy 和 Eberhart 于 1995 年提出，它是通过模拟鸟群捕食行为而提出的一种进化计算方法[26]。PSO 算法概念简单，搜索速度快、效率高。

鸟群在最开始的时候，每只鸟是随机飞行的。随着时间的推移，每只鸟开始不断调整自己的飞行速度和位置。它们利用两种不同的信息来进行调整：一种是自身的信息，另一种是其他鸟的信息。

PSO 算法也是如此，搜索空间中每只鸟对应一个可行解，称为“粒子”，每个粒子飞翔的方向和距离由其速度来决定。首先，随机初始化种群，然后算法迭代，粒子在每一次迭代中，都要根据个体极值 *Pbest* 和全局极值 *Gbest* 来不断更新自己的速度和位置。

PSO 算法的具体执行过程为：在一个 D 维的搜索空间中，种群规模为 n。其中粒子 i（$i=1,2,\cdots,n$）的位置表示为 D 维的位置矢量 $X_i=\{x_{i1},x_{i2},\cdots,x_{iD}\}$。每次迭代中，粒子 i 的速度矢量 $V_i=\{v_{i1},v_{i2},\cdots,v_{iD}\}$，粒子 i 的个体极值为 $Pbest_i=\{p_{i1},p_{i2},\cdots,p_{iD}\}$，整个粒子群的全局极值为 $Gbest=\{g_1,g_2,\cdots,g_D\}$。PSO 算法在迭代过程中，粒子 i 将根据式（2.36）更新其速度和位置：

$$\begin{cases}V_i^{k+1}=\omega\cdot V_i^k+c_1\cdot rand()\cdot(Pbest_i^k-X_i^k)+c_2\cdot rand()\cdot(Gbest^k-X_i^k)\\X_i^{k+1}=X_i^k+V_i^{k+1}\end{cases} \tag{2.36}$$

式中，k 为迭代数；V_i^k 为第 k 次迭代时粒子 i 的速度向量；X_i^k 为第 k 次迭代时粒子 i 的位置向量；$Pbest_i^k$ 为第 k 次迭代时粒子 i 的个体极值；$Gbest^k$ 为第 k 次迭代时整个种群的全局极值；ω 为惯性权重，$\omega\subset(0,1)$；c_1 为认知学习因子；c_2 为社会学习因子，$c_1,c_2\subset(0,2)$；rand()为随机函数，产生[0,1]之间的随机数。V_i^{k+1} 为 V_i^k、$Pbest_i^k-X_i^k$ 和 $Gbest^k-X_i^k$ 的矢量和，其示意图如图 2.4 所示。

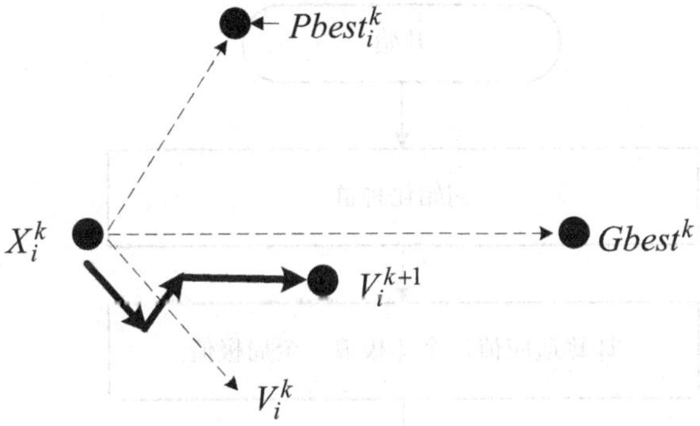

图 2.4　三种可能移动方向的带权值组合

PSO 算法中的 ω、c_1 和 c_2 有着非常重要的作用。惯性权重 ω 表示依惯性让粒子保持目前状态的能力，可以实现全局搜索与局部搜索之间的平衡；认知学习因子 c_1 表示粒子向个体极值 *Pbest* 学习的能力，可使粒子具有一定的全局搜索能力；社会学习因子 c_2 表示粒子向全局极值 *Gbest* 学习的能力，可使粒子之间具有一定的信息共享。

标准 PSO 算法的流程如图 2.5 所示，说明如下：

Step1：随机初始化种群；

Step2：根据用户定义的适应值函数，计算每个粒子的适应值作为该粒子的 *Pbest*，选取最优者作为 *Gbest*；

Step3：根据式（2.36）更新粒子的速度和位置；

Step4：计算每个粒子的适应值并与该粒子的 *Pbest* 进行比较，若优于 *Pbest*，则更新该粒子的 *Pbest*；

Step5：选取所有粒子中最优的适应值与 *Gbest* 进行比较，若优于 *Gbest*，则更新 *Gbest*；

Step6：如果没有满足算法结束条件，则返回（3），否则算法结束。

虽然目前PSO算法获得广泛应用，但是仍存在着一些问题：

（1）种群初始化时，虽然初始粒子都是随机生成的，保持种群的多样性，但有可能产生部分质量偏低的粒子，对整个种群的质量和寻优效率造成一定的影响。

（2）在 PSO 算法的运行过程中，粒子要根据个体极值和全局极值不断调整其速度和位置，会造成所有粒子向同一个方向趋近，逐渐丧失种群的多样性，在算法后期出现收敛速度慢、收敛精度降低。对于高维多峰问题易于陷入局部最优，导致算法早熟收敛。

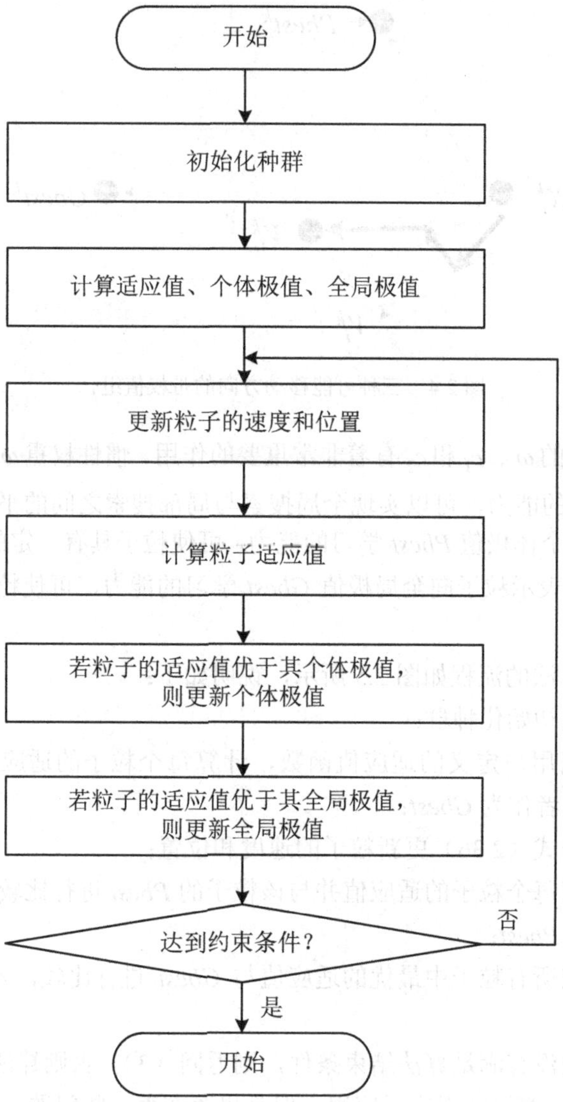

图 2.5　标准 PSO 算法流程图

（3）PSO 算法对初始参数依赖性较大，如果参数设置不合理，则会造成算法不收敛。

针对以上问题，本书将 PSO 算法与粗糙集结合，提出一种改进算法，并将其应用于特征选择，具体内容见第 4 章。

2.3.3　人工蜂群算法

2005 年，Karaboga 模拟真实蜜蜂的采蜜行为提出 ABC 算法[27]，在短短几年时间里，ABC 算法得到飞速发展，已经在很多领域取得了大量的研究成果。下面来系统地阐述 ABC 算法的基本原理。

用人工蜂群来模拟真实蜂群，在 ABC 算法中，蜂群由蜜源、雇佣蜂和未雇佣蜂三者组成[243]：

（1）蜜源（Food Sources）：代表解空间范围内各种可能的解，蜜源值由多方面的因素决定，用数字量“收益率”来衡量蜜源。也就是说，在求解优化问题时，一个蜜源值对应一个可行解，蜜源的“收益度”对应该可行解的适应值。

（2）雇佣蜂（Employed Foragers，EF）：也称引领蜂，每一只雇佣蜂唯一对应一个蜜源，雇佣蜂通过跳摇摆舞与其他蜜蜂分享这些信息。

（3）未雇佣蜂（Unemployed Foragers，UF）：包括侦察蜂和跟随蜂。侦察蜂负责搜索新蜜源，跟随蜂则在蜂巢等待，通过观察雇佣蜂所跳的摇摆舞来选择蜜源。

在 ABC 算法中，蜜蜂的主要行为包括：搜索蜜源、被蜜源招募和放弃蜜源，如图 2.6 所示，假设 A 和 B 是蜜蜂已经找到的蜜源，未雇佣蜂在最开始的时候，可以有如下两种选择：

（1）作为侦察蜂，自发地寻找蜂巢附近的蜜源（“S”线）。

（2）通过观察其他蜜蜂的摇摆舞来获得信息（即被蜜源招募），并据此信息来寻找蜜源（“R”线）。

不论通过上述哪一种选择，当未雇佣蜂发现新的蜜源后，都会迅速采蜜，由未雇佣蜂变成雇佣蜂。雇佣蜂采蜜后回到蜂箱，进行如下几种选择：

1）因为收益度不高，雇佣蜂放弃该蜜源，变成跟随蜂（UF）。

2）雇佣蜂跳摇摆舞分享蜜源信息，然后招募其他蜜蜂（EF1）。

3）雇佣蜂继续采蜜，不招募其他蜜蜂（EF2）。

在 ABC 算法中，每个雇佣蜂都有一个确定的蜜源，并在迭代中对蜜源的邻域进行搜索，产生新蜜源。每次返回之后，雇佣蜂通过跳摇摆舞把蜜源的信息反馈给跟随蜂，跟随蜂在不同的蜜源中选择一个作为目标，并进行搜索。如果在设定的搜索次数 *limit* 内，雇佣蜂没有获得更好的蜜源，便放弃该蜜源，同时雇佣蜂转变为侦察蜂，并随机搜索可行的新蜜源。

ABC 算法首先执行种群的初始化，随机生成 N_s 个可行解，然后计算这些可行解的适应值，并根据其大小进行排序，前 50%作为雇佣蜂，其余作为跟随蜂。产生可行解的公式如下：

$$X_i^j = X_{min}^j + rand(0,1) \cdot (X_{max}^j - X_{min}^j) \tag{2.37}$$

式中，$i \in \{1,2,\cdots,N_s\}$，$j \in \{1,2,\cdots,D\}$，N_s为种群大小；X_{max}^j和X_{min}^j为X_i^j的上、下限；$rand(0,1)$为(0,1)之间的随机数。

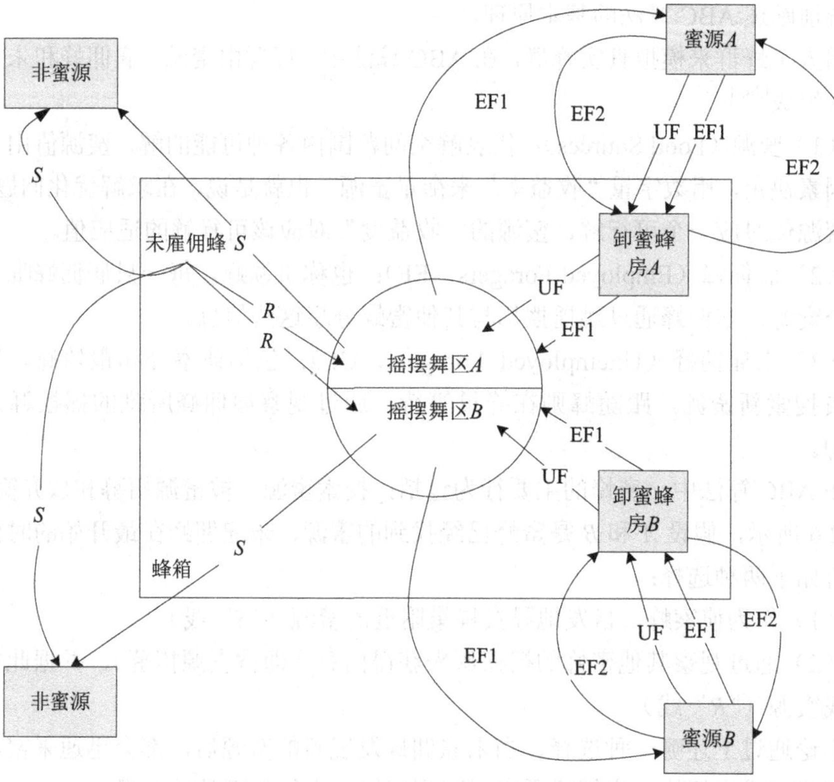

图 2.6　ABC 算法原理

雇佣蜂和跟随蜂都能够在其当前蜜源附近展开邻域搜索，得到一个新的蜜源，产生新蜜源的公式为

$$V_i^j = X_i^j + \phi_i^j \cdot (X_i^j - X_k^j) \tag{2.38}$$

式中，$k \in \{1,2,\cdots,N_s\}$，且$k \neq i$，k, j均随机生成；ϕ_i^j为[-1,1]之间的随机数。

蜜蜂具有一定的记忆功能，可以记录自己到目前为止采集到的最优蜜源。雇佣蜂和跟随蜂在采蜜时，会采用贪婪原则，它们将其记忆中的最优蜜源和邻域搜索得到的蜜源做比较，当搜索蜜源优于记忆中的最优蜜源时，替换记忆蜜源；反之，保持不变。

当所有的雇佣蜂完成邻域搜索后，其通过跳摇摆舞将蜜源信息分享给跟随蜂。

根据蜜源信息，跟随蜂按照一定的概率来选择雇佣蜂，概率的计算公式为

$$p_i = \frac{f(X_i)}{\sum_{n=1}^{N_s} f(X_n)} \tag{2.39}$$

式中，$f(X_i)$为第 i 个解 X_i 的适应值，对应蜜源的收益度。蜜源的收益度越高，被跟随蜂选择的概率也越大。

跟随蜂选择完雇佣蜂后，同雇佣蜂一样也在蜜源附近进行邻域搜索，并采用贪婪原则，比较跟随蜂通过邻域搜索得到的蜜源与原雇佣蜂的蜜源。如果邻域搜索的蜜源优于原雇佣蜂的蜜源，则替换原雇佣蜂的蜜源，跟随蜂转变为雇佣蜂，完成角色互换；反之，保持不变。

如果在设定的搜索次数 *limit* 内，雇佣蜂没有获得更好的蜜源，便放弃该蜜源，同时雇佣蜂转变为侦察蜂，并根据式（2.37）随机产生一个新的蜜源代替。

由此可见，ABC 算法大致分为三个阶段：

（1）雇佣蜂阶段：进行邻域搜索，计算适应值并进行贪婪选择。

（2）跟随蜂阶段：依概率选择蜜源，进行邻域搜索，计算适应值并进行贪婪选择。

（3）侦察蜂阶段：进行随机搜索。

ABC 算法的具体实现步骤

Step1：根据式（2.37）初始化蜜蜂种群。
Step2：按照解的适应值大小，将蜜蜂分为雇佣蜂和跟随蜂。
Step3：对于每只雇佣蜂，根据式（2.38）继续在原蜜源附近采蜜，寻找其他蜜源，并计算其适应值，若其适应值更高，则取代原蜜源。
Step4：对于每只跟随蜂，首先根据式（2.39）计算概率，选择一个蜜源，然后根据式（2.38）在其附近进行邻域搜索，寻找新蜜源，若新蜜源适应值更高，则跟随蜂转变为雇佣蜂，并取代原蜜源；反之，保持不变。
Step5：对于每只雇佣蜂，若搜寻次数超过 *limit*，仍没找到具有更高适应值的蜜源，则放弃该蜜源，同时雇佣蜂转变为侦察蜂，并根据式（2.37）随机产生一个新的蜜源代替。
Step6：记录下最优的蜜源，并跳转至 Step2，直到满足算法结束条件。

国内外学者对 ABC 算法已经取得了一定的研究成果，但在粗糙集特征选择上的研究还比较少。因此，本书将 ABC 算法与粗糙集相结合，提出一种改进算法，具体内容见第 5 章。

2.4 基于群智能和粗糙集的特征选择框架

1997 年，Dash 和 Liu[244]提出特征选择的基本步骤。在此基础上，结合三种群智能代表性算法在粗糙集特征选择中的应用情况，本书提出一种基于群智能和粗糙集的特征选择框架，如图 2.7 所示。图中粗线表示群智能和粗糙集方法所起的作用。

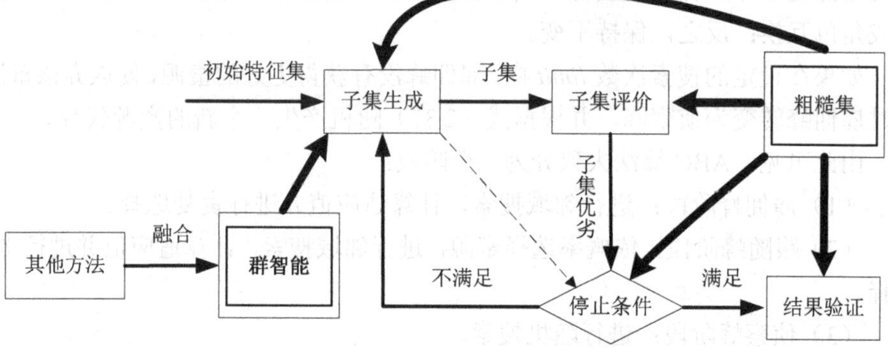

图 2.7　基于群智能和粗糙集的特征选择框架

由图 2.7 可知，首先采用群智能和其他方法进行融合，由初始特征集生成特征子集，然后利用粗糙集方法评价其优劣，再判断是否满足停止条件：若满足，则进行结果验证，否则继续采用群智能方法产生新的特征子集。很明显，在该框架中，群智能和其他方法进行融合，利用其搜索能力产生特征子集，粗糙集的知识则可以应用于各个环节，下面进行详细说明。

2.4.1　子集生成

由图 2.7 可知，特征选择算法根据初始特征集生成特征子集，其生成过程由两个因素决定：搜索起点和搜索策略。

首先，由搜索起点决定搜索方向，通常有以下四种情况：

（1）从空集开始搜索，不断将选择的特征添加到候选特征子集中，称之为前向搜索。

（2）从原始特征集开始搜索，不断将选择的特征从原始特征集中剔除，称之为后向搜索。

（3）从前后两个方向开始搜索，同时增加或者剔除若干选择的特征，称之为双向搜索。

（4）从任意起点随机开始搜索，不断地随机增删特征，称之为随机搜索。

在本书提出的特征选择框架中，搜索起点都是从特征核开始。首先，利用粗糙集知识计算出特征核，然后群智能算法从特征核开始搜索。具体来说，ACO 算法以此作为当前特征子集；而 PSO 算法和 ABC 算法则根据特征核来进行种群初始化，原则是凡是特征核中的特征所在位始终置“1”，即表示该特征被选择，由此得到初始种群。

确定搜索起点仅仅是特征选择的第一步，在拥有大量特征的原始特征集合中，如何快速找到最优特征子集，搜索策略的选择至关重要。搜索策略可分为以下三类：

（1）完全搜索：通过完全搜索可以得到所有的特征子集，当然涵盖最优特征子集。完全搜索主要包括两种方法：穷举法和分支定界法。穷举法是指通过搜索所有特征子集并从中选择出最优特征子集的方法，该策略很完备，但计算量较大，尤其是特征数很大时几乎不可行。分支定界法利用其回溯功能可以搜索到所有可能的特征组合，它通过剪枝策略使计算量大大减少，但其需要具有单调性的评价函数，复杂性仍然较高。

（2）启发式（或序列）搜索：在搜索过程中，将特征依据一定的次序，不断向当前特征子集中进行添加（或剔除），直到得到优化特征子集。启发式搜索包括每次添加（或剔除）一个特征的序列前向选择、序列后向消除和双向选择，以及向前加 l 个特征和向后减 r 个特征前后相结合的浮动搜索。启发式搜索较容易实现，计算复杂度相对较小，但易于陷入局部最优。

（3）随机搜索：首先随机生成候选特征子集，然后以此开始进行搜索，依据一定的启发式规则向最优解逐步逼近，当搜索次数高于阈值（预先设定的循环次数）时，搜索过程停止并返回结果。随机搜索与完全搜索和启发式搜索相比，不确定性较高。常用的随机搜索方法包括模拟退火算法、GA 算法和禁忌搜索算法等。

在本书提出的特征选择框架中，不同的群智能算法采用的搜索策略是不同的。对于 ACO 算法，以特征核为搜索起点，即当前特征子集，采用依次往当前特征子集中增加一个特征的前向选择方式，而每一个要添加的特征是根据概率转移公式依概率从候选特征集中选择得到的；对于 PSO 和 ABC 算法，首先由特征核得到初始种群，然后以此作为搜索起点，在指定的最大迭代次数下，采取随机搜索，根据邻域搜索策略产生新解来逐步逼近最优解。

2.4.2 子集评价

特征选择得到的特征子集质量如何，必须通过子集评价，评价标准的制定是子集评价过程中的关键问题。根据是否与学习算法相结合，评价标准大致上可以分为两种：独立标准和相关标准。

（1）独立标准：通常在 Filter 方法中使用，特征的评价与学习算法无关，仅依靠数据的内在特性。如：距离标准（欧氏距离、标准化欧氏距离、马氏距离等），信息标准（信息熵、信息增益和互信息等）和相关性标准（*t*-test、Pearson 相关系数和 Fisher 指标等）。

（2）相关标准：通常在 Wrapper 方法中使用，特征的评价与具体学习算法密切相关，并采用分类器的错误率作为评价指标。相关标准对特征的评估直接使用分类性能，分类模型与特征选择之间相互依赖，因此最终得到的特征子集性能较好。但同时过拟合的风险也较高，泛化性能差，而且分类器的构建计算开销大，复杂度高。

在本书提出的特征选择框架中，充分利用独立标准中的信息标准（互信息）来制定评价标准。对于 ACO 算法，不仅采用粗糙集中基于互信息的特征重要性来描述启发式信息，而且利用特征子集与决策特征之间的互信息来衡量特征子集的分类能力，并结合特征子集的长度，来共同制定评价标准，即分类能力越强、长度越短的特征子集越好。具体内容见第 3 章。在 PSO 和 ABC 算法中，设置一个结合互信息和特征子集长度的适应值函数作为评价标准。具体内容见第 4 章和第 5 章。

2.4.3 停止条件

特征选择的停止条件决定搜索过程是否终止。在通常情况下，算法需要设置一个最大迭代次数（阈值），当迭代达到这个阈值后搜索过程终止，当前得到的最优特征子集即为最终结果，否则，继续迭代直至满足停止条件。

在本书提出的特征选择框架中，引入粗糙集知识，所以在首次生成特征子集时，可以先产生特征核，然后判断该特征核的分类能力是否和原始特征集的分类能力相同。若两者的分类能力相同，则该特征核就是所求的最优特征子集，算法终止，不必进行后期的迭代搜索。当然，这是一种很特殊的情况。一般情况下，特征核并非就是最优特征子集。为了确保得到的特征子集是一个最优特征子集，可以在停止条件中，增加一个判定条件即特征子集的分类能力是否和原始特征集合的分类能力一致且不含冗余特征。

2.4.4 结果验证

结果验证是指对得到的最优特征子集进行有效性验证，判断最优特征子集能否有效代替原始特征集合，特征选择是否已将包含有用信息的特征选择出来，从而使得用户能够更好地理解数据。

在本书提出的特征选择框架中，通常先利用粗糙集知识进行规则提取得到分类器，然后进行 10 折交叉验证。具体过程如下：首先将样本集随机划分为 10 等份，选择 1 份作测试样本，其余 9 份作训练样本；然后将特征子集利用粗糙集知识进行规则提取得到分类器，再采用分类器对样本进行训练，记录错分样本次数；最后对以上操作重复 10 次，统计错分样本总次数与原始样本数之比作为分类误差，然后据此得出特征子集的分类能力，可以衡量特征子集的优劣。

不同的群智能算法决定不同的搜索策略，合理的评价标准则更需要利用粗糙集知识来制定，而搜索策略和评价标准对特征选择的整体性能影响最大，本书的研究重点正是基于此。

2.5 本章小结

本章对本书中涉及粗糙集理论和群智能的基础知识，从概念、原理和代表算法等方面进行研究，并提出一种基于群智能和粗糙集的特征选择框架。

首先对粗糙集理论中的重要概念如不可分辨关系、下近似与上近似、知识的依赖度和知识约简等进行具体阐述，并对基于粗糙集的特征选择算法进行归纳总结。然后阐述群智能的基本思想，具体分析 ACO 算法、PSO 算法和 ABC 算法的原理和算法流程。

最后提出一种基于群智能和粗糙集的特征选择框架，并具体描述群智能方法和粗糙集在其中的作用和优势。

第 3 章　基于蚁群优化和粗糙集的特征选择方法

3.1　引言

通过第 2 章关于粗糙集和群智能的研究可以看出，粗糙集理论是一种处理不确定和不精确信息的软计算工具，而 ACO 算法是新颖的仿生智能优化算法，已经有多名研究人员将两者结合起来应用于特征选择。以具有代表性的 JSACO 算法[47]为例，2003 年 R.Jensen 和 Q.Shen，将 ACO 算法引入粗糙集特征选择中，将特征选择转化为图的遍历，并提出一种基于 ACO 算法的特征选择框架，如图 3.1 所示。

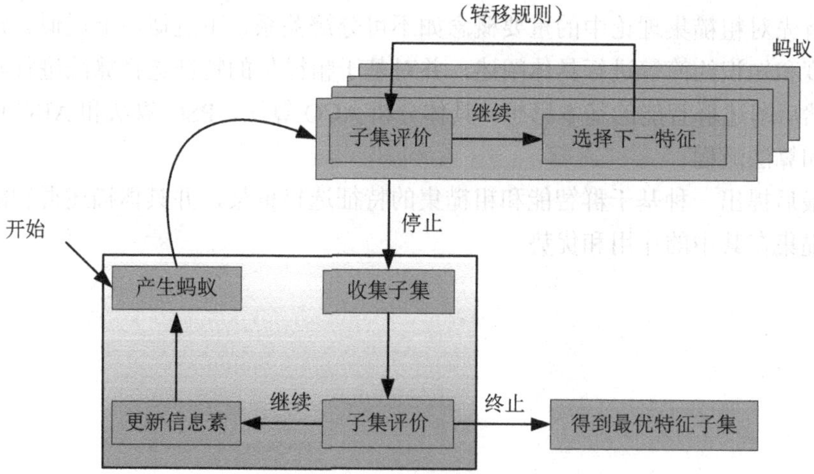

图 3.1　基于 ACO 算法的特征选择框架

JSACO 算法首先产生一定数量的蚂蚁 k（k=特征数/2），每只蚂蚁从一个随机的特征开始，依概率遍历某些边，直到满足停止条件，它们所经过的特征构成一个个特征子集，然后对这些特征子集进行评价。如果得到的特征子集就是最优解，并且算法已经执行了规定的次数，那么算法终止，输出找到的最优特征子集。如果以上两个条件都没有达到，那么更新信息素，再产生新的蚂蚁继续遍历。

JSACO 算法中，概率转移公式（或转移规则）定义如下[47]：

$$P_{ij}^{k}(t)=\frac{[\tau_{ij}(t)]^{\alpha}\cdot[\eta_{ij}]^{\beta}}{\sum_{l\in J_i^k}[\tau_{il}(t)]^{\alpha}\cdot[\eta_{il}]^{\beta}} \tag{3.1}$$

式中，J_i^k 为蚂蚁 k 从特征 i 出发可以访问的特征集合；$\tau_{ij}(t)$ 为 t 时刻在路径 (i,j) 上残留的信息素浓度；η_{ij} 为从特征 i 选择特征 j 的启发式信息，可由任意子集评价函数来定义；α 和 β 的选择由实验确定。

η_{ij} 可采用基于信息熵或依赖度的测度进行定义，计算公式为

$$\eta_{ij}=\min_{j\in J_i^k}H(\{j\}\cup R_k\cup\{i\}) \tag{3.2}$$

或

$$\eta_{ij}=\max_{j\in J_i^k}\gamma_{(\{j\}\cup R_k\cup\{i\})}(D) \tag{3.3}$$

式中，R_k 为蚂蚁 k 的当前特征子集。

当所有的蚂蚁根据概率转移公式不断选择下一个特征，直到满足特征子集的评价条件 $\gamma_{R_k}(D)=\gamma_C(D)$（完成一次循环）后，要根据信息素更新公式对路径上的信息量作如下更新：

$$\left.\begin{aligned}&\tau_{ij}(t+n)=(1-\rho)\cdot\tau_{ij}(t)+\Delta\tau_{ij}(t)\\&\Delta\tau_{ij}(t)=\sum_{k=1}^{m}\Delta\tau_{ij}^{k}(t)\\&\Delta\tau_{ij}^{k}(t)=\begin{cases}\dfrac{Q}{L_k}, & \text{若蚂蚁 } k \text{ 在时刻 } t \text{ 到 } t+n \text{ 之间从} i \text{ 到 } j\\0, & \text{否则}\end{cases}\end{aligned}\right\} \tag{3.4}$$

式中，ρ 为信息素挥发系数，$\rho\subset[0,1)$；$\Delta\tau_{ij}(t)$ 为 t 时刻路径 (i,j) 上的信息素增量，初始时刻 $\Delta\tau_{ij}(0)=0$；$\Delta\tau_{ij}^{k}(t)$ 为 t 时刻蚂蚁 k 留在路径 (i,j) 上的信息素增量；Q 为常量，表示信息素强度；L_k 为 t 时刻蚂蚁 k 所经过路径的总长度。

虽然该算法能够找到最优或次优的特征子集，但仍然存在一些问题：其一，每只蚂蚁都从一个随机特征开始遍历，算法搜索具有盲目性，收敛速度较慢；其二，特征选择得到的特征子集 R_k，需要的是其中的元素即特征，与特征选取先后即特征之间构成的边 (i,j) 无关，而算法中的概率转移公式与信息素更新策略沿用解决旅行商问题的思路，其计算均与边 (i,j) 有关，这样使得蚂蚁选择特征 j 作为下一个特征的概率增大，而其他属于 R_k 但与特征 i 不相邻的特征被选择的概率减小；其三，JSACO 算法有时陷入局部最优，甚至无法得到最优特征子集。

因此，本书提出一种改进的基于蚁群优化和粗糙集的特征选择算法 HSACO[245]。首先，算法从特征核开始解的遍历，并采用粗糙集中基于互信息的

特征重要性作为概率转移公式中的启发式信息，指导蚂蚁从当前特征搜索到下一个特征，保证全局搜索在有效可行解的范围内进行；同时，采用混合策略来更新信息素，有效地促进特征子集朝着最短、最优的方向发展，加快算法收敛速度，避免陷入局部最优。实验结果表明，HSACO 算法能够得到最优特征子集且收敛速度快，优于三种经典特征选择算法。下面进行详细地介绍。

3.2 基于蚁群优化和粗糙集的特征选择算法 HSACO

3.2.1 算法思想

HSACO 算法的基本思想是在保持 $I(R;D)=I(C;D)$ 不变的前提下，要求蚂蚁所游历的特征子集的基数最少。算法从粗糙集的特征核开始解的遍历，同时把粗糙集中基于互信息的特征重要性引入概率转移公式作为启发式信息，指导蚂蚁从当前特征搜索到下一个特征，保证全局搜索在有效可行解的范围内进行。在 ACO 算法中，信息素的更新策略是至关重要的。本书采用混合策略来更新信息素，通过使用精英蚂蚁增强当前最优解对下一次遍历的影响，同时自适应地改变信息素挥发系数和动态调整信息素，有效地促进特征子集朝着最短、最优的方向发展，加快算法收敛速度，避免陷入早熟停滞状态，提高算法的性能。

3.2.2 算法模型

特征选择问题可以根据蚂蚁觅食行为转化为一个完全图形式，如图 3.2 所示。图中 n 个节点对应决策表的 n 个条件特征，各节点之间的边对应蚂蚁在选择下一个特征时采用的方法或者启发式信息。

特征选择可以通过一个完全图 $G=(V,E)$ 来描述：V 是顶点集代表条件特征集，E 是完全连接各顶点的边集，那么，特征选择就建模为路径寻找问题，要求所选择的路径即特征子集是一个最优特征子集，而且其基数最少。每只蚂蚁可以从任何一个特征开始遍历，其在遍历过程中所经过的所有特征就构成一个特征集合；所有蚂蚁完成一次遍历后，更新信息素，然后进行下一次遍历。当满足终止条件，则停止遍历。图 3.2 说明了解的构造过程。初始时刻，假设蚂蚁 k 从 V_1 节点出发开始一次遍历，当前的候选特征子集 $S_k=\{V_2,V_3,\cdots,V_n\}$。根据概率转移公式，它选择 V_3 节点，接下来是 V_4 节点，则当前的特征子集 $R_k=\{V_1,V_3,V_4\}$。若此时满足 $I(R_k;D)=I(C;D)$，则蚂蚁 k 完成一次遍历，产生一个解，即得到特征子集 $\{V_1,V_3,V_4\}$。

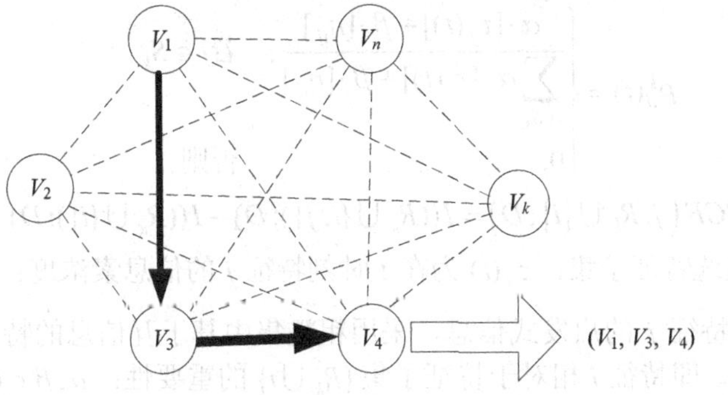

图 3.2　HSACO 算法特征选择模型图

蚁群：所有蚂蚁的集合，设蚂蚁数为 $m=n$，n 为条件特征数。在初始时刻，每个特征上的信息素浓度用 $\tau_i(0)$ 表示，$i=1,2,\cdots,n$。

当前特征子集：蚂蚁 k 在遍历过程中已经选择的特征所组成的集合，称为蚂蚁 k 的当前特征子集，记为 R_k。

候选特征子集：蚂蚁 k 在遍历过程中尚未选择的特征所组成的集合，称为蚂蚁 k 的候选特征子集，记为 S_k。

显然，$R_k \cup S_k = U$（特征全集）。

为了减少搜索的盲目性，加快算法收敛，HSACO 算法首先利用粗糙集知识，计算出特征核，然后算法从特征核开始解的遍历。当所有蚂蚁完成一次遍历后，则根据混合策略来更新各特征上的信息素，再进行下一次遍历，直至满足终止条件，找到一个最优特征子集。

3.2.3　概率转移公式和混合策略

在 HSACO 算法中，概率转移公式和信息素更新策略对是否能够找到最优特征子集起到决定性的作用，同时也是 HSACO 算法实现快速收敛和全局搜索的重要环节。因此，本书将粗糙集中基于互信息的特征重要性引入概率转移公式作为启发式信息，同时采用混合策略来更新信息素。

（1）概率转移公式。蚂蚁在遍历过程中，会根据概率转移公式计算候选特征子集中各个特征的概率，具有最大概率的特征就是下一个要选择的特征，那么在 t 时刻，蚂蚁 k 从特征 i 出发，选择候选特征子集中特征 j 的概率转移公式为[245]

$$P_{ij}^k(t)=\begin{cases}\dfrac{\alpha\cdot[\tau_j(t)]+\beta\cdot[\eta_{ij}]}{\sum\limits_{l\in S_k}\alpha\cdot[\tau_l(t)]+\beta\cdot[\eta_{il}]}, & 若j\in S_k\\ 0, & 否则\end{cases}\tag{3.5}$$

$$\eta_{ij}=SGF\left(j,R_k\cup\{i\},D\right)=I((R_k\cup\{i,j\});D)-I((R_k\cup\{i\});D)\tag{3.6}$$

式中，S_k 是候选特征子集；$\tau_j(t)$ 为在 t 时刻特征 j 的信息素浓度；η_{ij} 为从特征 i 出发时，选择特征 j 的启发式信息，采用粗糙集中基于互信息的特征重要性描述该启发式信息，即特征 j 相对于特征子集 $\{R_k\cup i\}$ 的重要性；$\alpha,\beta\in(0,1)$ 为信息素浓度和启发式信息的参数，且 $\alpha+\beta=1$。由式（3.5）可知，蚂蚁选择下一个特征的概率由该特征的信息素浓度和特征重要性两个指标共同决定，而参数 α 和 β 的存在有效地权衡了这两个指标的权重。

（2）混合策略。蚁群完成一次遍历后，要对各个特征上的信息素浓度进行更新。为了有效地促进特征选择的任务朝着特征子集最优、最短的方向进行，要让基数较少的特征子集中对应特征的信息素浓度逐渐增加。也就是说，在本次遍历中，每只蚂蚁所找到特征子集的优劣与各个特征上信息素浓度的更新息息相关。为此，可以采用如下混合策略：

1）使用精英蚂蚁。在 HSACO 算法中，找出当前最优解的蚂蚁是精英蚂蚁。为了增强当前最优解对下一次遍历的影响，在每次遍历之后，对当前最优解 $REDU$ 中的所有特征增加额外的信息素量。为此，信息素更新规则调整为[245]

$$\tau_j(t+1)=(1-\rho)\cdot\tau_j(t)+\Delta\tau_j(t)+\Delta\tau_j{}^*(t)$$

$$\Delta\tau_j(t)=\sum_{k=1}^{m}\Delta\tau_j{}^k(t)$$

$$\Delta\tau_j{}^k(t)=\begin{cases}\dfrac{Q}{|R_k|}, & 若j\in R_k\\ 0, & 否则\end{cases}\tag{3.7}$$

$$\Delta\tau_j{}^*(t)=\begin{cases}\sigma\cdot\dfrac{Q}{|REDU|}, & 若j\in REDU\\ 0, & 否则\end{cases}$$

式中，ρ 为信息素挥发系数，$\rho\subset[0,1)$；$\Delta\tau_j(t)$ 为本次遍历中特征 j 上的信息素增量，初始时刻 $\Delta\tau_j(t)=0$；$\Delta\tau_j^k(t)$ 为在本次遍历中，蚂蚁 k 留在特征 j 上的信息素量；$\Delta\tau_j^*(t)$ 为精英蚂蚁在本次遍历中留在特征 j 上的信息素量；Q 为信息素强度，是一个常量；σ 为精英蚂蚁的个数。

精英蚂蚁的使用，可以加快 HSACO 算法求解的速度，但是，过多的精英蚂蚁，也会导致搜索陷入局部最优。因为，精英蚂蚁完成一次遍历后，当前最优解中的所有特征上的信息素会得到增强。在下一次遍历时，蚂蚁们会以很大的概率选择这些特征，容易产生早熟收敛。因此，精英蚂蚁的数量不能太大。

2）自适应地改变信息素挥发系数 ρ 的值。随着时间的推移，由于信息素挥发系数 ρ 的存在，各个特征上的信息素会逐渐减弱。特别是当要处理的特征数目较多时，信息素的挥发会造成一种恶性循环，越是较少被搜索到的特征，越是不会被搜索，因为这些特征上的信息素不断减少，几乎为零，算法易于快速收敛到局部极值。因此，可以让 ρ 从一个较大的值开始，然后按照以下公式自适应地进行改变[245]

$$\rho(t+1)=\begin{cases}0.95\cdot\rho(t), & 若\rho(t)\geqslant\rho_{min}\\ \rho_{min}, & 否则\end{cases} \tag{3.8}$$

3）动态调整信息素。随着时间的推移，由于某些特征上的信息素不断减少到几乎为零，那么这些特征就不会被再次选择，算法的全局搜索能力下降，易于陷入局部最优。为了改变这一状况，采用一种动态调整信息素的改进策略，使信息素在遍历过程中进行动态调整，其调整后的信息素更新规则为[245]

$$\tau_j(t+1)=\begin{cases}\tau_j(0), & 若\tau_j(t)\to 0\\ (1-\rho)\cdot\tau_j(0)+\Delta\tau_j+\Delta\tau_j{}^*, & 否则\end{cases} \tag{3.9}$$

当某些特征上的信息素过低时，则将这些特征上的信息素用其初值进行恢复，那么，在以后的迭代中，它们就有可能被重新选择，增大了这些特征的选择概率。如此可以提高算法的全局搜索能力，跳出局部最优。

3.2.4　算法描述

根据上述介绍，本书提出基于 ACO 和粗糙集的特征选择算法 HSACO。首先利用粗糙集知识，计算出条件特征集和决策特征集之间的互信息以及特征核；然后在指定的迭代次数内，重复进行下列操作：对所有蚂蚁进行遍历操作，得到当前最优解，当所有蚂蚁完成一次遍历后，按照混合策略更新信息素；如此，直至达到指定的迭代次数，得到最优特征子集。

具体内容描述如下：

HSACO 算法[245]

输入：决策表 $DT=(U,C\cup D)$，算法各参数。 **输出**：最优特征子集 $REDU$。
Step1：$REDU=C$。

Step2：计算 $I(C;D)$。
Step3：计算特征核，记为 $CORE$。
  Step3.1： $CORE=\varnothing$。
  Step3.2: 对每一个 $a\in C$，若 $I(C-\{a\};D)<I(C;D)$，则 $CORE=CORE\cup\{a\}$。
  Step3.3: 若 $I(CORE;D)=I(C;D)$，则 $REDU=CORE$，转 Step5; 否则，转 Step4。
Step4：在指定的迭代次数内，重复执行以下操作：
  Step4.1：产生解。对每一只蚂蚁 $k=1:m$，执行以下操作：
    （1） $R_k=CORE$， $S_k=C-R_k$；
    （2）从 S_k 中随机选择一个元素 a_k， $R_k=R_k\cup\{a_k\}$， $S_k=S_k-\{a_k\}$；
    （3）当 $I(R_k;D)<I(C;D)$ 时，重复执行：
      1）对 S_k 中的每一个元素 b_k，按照式（3.6）计算 $\eta_{a_kb_k}$；
      2）按照式（3.5）计算概率，选择下一个特征 $d_k\in S_k$，则 $R_k=R_k\cup d_k$，$S_k=S_k-d_k$。
    （4）若 $I(R_k;D)=I(C;D)$ 且 $|R_k|<|C|$，则 $REDU=R_k$。
  Step4.2：采用混合策略更新信息素：
    按照式（3.7）更新信息素；按照式（3.8）自适应地改变 ρ 的值；当某些特征上的信息素过低时，则按照式（3.9）将这些特征上的信息素恢复为初值。
Step5：输出最优特征子集 $REDU$。

3.3 对比实验及结果分析

3.3.1 实验环境

HSACO 算法采用 Matlab 2013a 工具实现，并运行在个人计算机上，配置为 i5-3470 CPU，8GB 内存，操作系统是 64 位 Windows 7。

从 UCI 机器学习数据库[246]上选取了 18 个离散数据集进行测试，由于有几个数据集存在部分数据缺失，故采用 Weka 3 工具[247]进行了补齐，得到 18 个相容、完备的单决策表，符合算法测试要求，数据集的处理情况见表 3.1。

表 3.1　HSACO 算法的测试数据集

序号	数据集	实例数	条件特征数	最优特征子集的特征数	特征蒸发率/%	数据缺失比例/%	解决方法
1	Audiology	200	68	13	80.88	2.17	取众数
2	Balance-Scale	625	4	4	0	0	
3	Balloon	20	4	2	50	0	
4	Breast-Cancer	699	9	4	55.56	0.23	取众数
5	Car	1728	6	6	0	0	
6	Chess-King	3196	36	29	19.44	0	
7	Monks1	124	6	3	50	0	
8	Monks3	122	6	4	33.33	0	
9	Mushroom	8124	22	4	81.82	1.33	取众数
10	Nursery	12960	8	8	0	0	
11	Shuttle-Loading	15	6	3	50	0	
12	Solar-Flare	1389	12	6	50	0	
13	Soybean-Small	47	35	2	94.29	0	
14	Spect	267	22	17	22.73	0	
15	Splice	3190	60	10	83.33	0	
16	Tic-Tac-Toe	958	9	8	11.11	0	
17	Vote	435	16	10	37.50	5.30	取众数
18	Zoo	101	16	5	68.75	0	

在表 3.1 中，列出了各数据集的名称、其包含的实例数和条件特征数、最优特征子集的特征数、特征蒸发率、数据缺失比例和采用 Weka 3 工具进行补齐的具体方法。其中，特征蒸发率=(1−最优特征子集的特征数/条件特征数）×100%，表示特征选择之后该数据集所涉及的特征数目的减少程度。可以看到：只有 3 个数据集（Balance-Scale、Car 和 Nursery）的特征数目没有发生改变，另有 4 个数据集（Balloon、Monks1、Shuttle-Loading 和 Solar-Flare）的特征数目减少一半，其中蒸发率最高的是数据集 Soybean-Small，达到 94.29%，由此可见特征选择的重要性。

从表 3.1 的 18 个数据集所包含的条件特征数目来看，有 9 个数据集（Balance-Scale、Balloon、Breast-Cancer、Car、Monks1、Monks3、Nursery、Shuttle-Loading 和 Tic-Tac-Toe）的条件特征数均小于 10。在剩余的 9 个数据集中，有 4 个数据集（Audiology、Chess-King、Soybean-Small 和 Splice）的条件特征数

较多，均在35及以上，特别是数据集Audiology，其特征数目达到68。同时，有4个数据集规模较大，其条件特征数与实例数的乘积超过100000，它们是Chess-King、Mushroom、Nursery和Splice。由此可见，这18个离散数据集基本上涵盖了各种类型，有利于算法的测试。

3.3.2 参数选取与分析

从前面的论述中可以知道，HSACO算法参数较多，一共有9个，具体见表3.2。因为参数的选取，目前还没有一定的理论依据，一般只能由实验分析得到。为此从表3.1的测试数据集中选取Mushroom数据集作为参数选取的测试数据集，该数据集中条件特征数n为22，最优特征子集的基数为4。

表3.2 HSACO算法所需参数

序号	参数名称
1	蚂蚁数 m
2	最大迭代数 MCN
3	各特征上的初始信息素浓度 $\tau_i(0)$
4	信息素浓度因子 α
5	启发式信息因子 β
6	信息素挥发系数 ρ
7	信息素强度 Q
8	最小信息素挥发系数 ρ_{min}
9	精英蚂蚁数 σ

由于HSACO算法参数较多，为了降低问题难度，确定研究的重点是对算法影响较大的6个主要参数：蚂蚁数m、信息素浓度因子α、启发式信息因子β、信息素挥发系数ρ、信息素强度Q和精英蚂蚁数σ，通过实验来分析讨论它们的最佳取值范围。所以，首先对其余3个参数进行统一设置，令最大迭代数MCN=200，各特征上的初始信息素浓度$\tau_i(0)=0.5$，最小信息素挥发系数$\rho_{min}=0.01$。然后通过如下实验，分析6个主要参数的选取[245]。

（1）信息素挥发系数ρ的选择。随着时间的流逝，各特征上的信息素会逐渐挥发，不断减弱，也就是说，信息素挥发系数ρ的存在与算法的全局搜索能力和收敛速度有关。为此，首先固定其他5个参数的取值，设置如下：$m=n/2$（n为条件特征数），α=0.9，β=0.1，Q=10，σ=1，然后不断调整信息素挥发系数ρ的取值，使其从0.1递增到0.9。实验结果见表3.3，其对应图形如图3.3所示。

表 3.3　信息素挥发系数 ρ 对算法性能的影响

信息素挥发系数 ρ	0.1	0.2	0.3	0.4	0.5	0.6	0.7	0.8	0.9
特征子集平均长度	4	4	4	4	4.05	4	4.05	4.1	4.1
算法平均迭代次数	51.9	38.15	34.6	28.05	22.45	16.85	16.55	14.85	3.55

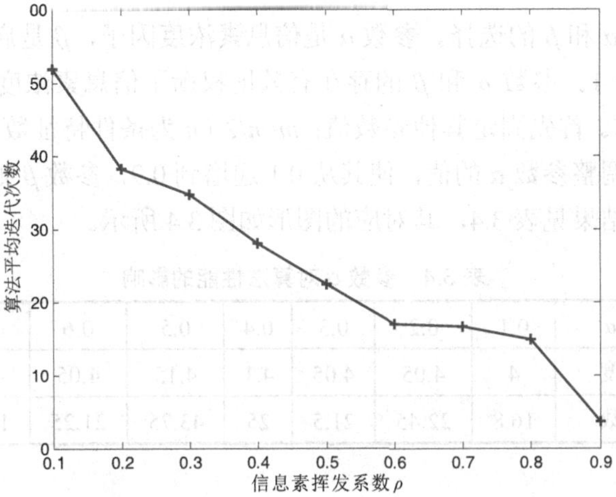

（a）

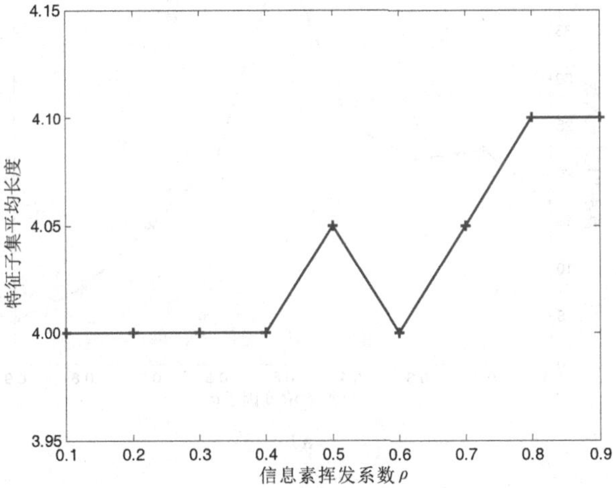

（b）

图 3.3　信息素挥发系数 ρ 对算法性能的影响

从表 3.3 和图 3.3 可以看到：当 ρ 较小时，虽然最终得到的特征子集平均长度较小，但算法平均迭代次数增加，收敛速度降低；反之，当 ρ 较大时，虽然收敛速度会加快，但最终得到的特征子集平均长度增加，算法容易陷入局部最优。因此，ρ 的选择，既要考虑最终得到的特征子集平均长度，即算法的全局搜索能力，又要考虑算法平均迭代次数，即算法的收敛速度，必须在这两者之间进行权衡。可以发现：当 ρ 的取值为 0.6 时，算法的全局搜索能力和收敛速度之间达到平衡。故本书中取 ρ=0.6。

（2）参数 α 和 β 的选择。参数 α 是信息素浓度因子，β 是启发式信息因子，在本书中，$\alpha+\beta=1$。参数 α 和 β 的存在有效地权衡了信息素浓度和启发式信息这两个指标的权重。首先固定其他参数值：$m=n/2$（n 为条件特征数），ρ=0.6，Q=10，σ=1，然后不断调整参数 α 的值，使其从 0.1 递增到 0.9，参数 β 则相应地从 0.9 递减到 0.1。实验结果见表 3.4，其对应的图形如图 3.4 所示。

表 3.4　参数 α 对算法性能的影响

信息素浓度因子 α	0.1	0.2	0.3	0.4	0.5	0.6	0.7	0.8	0.9
特征子集平均长度	4	4.05	4.05	4.1	4.15	4.05	4.05	4	4
算法平均迭代次数	16.8	22.45	21.5	25	43.75	21.25	14.45	8	4.6

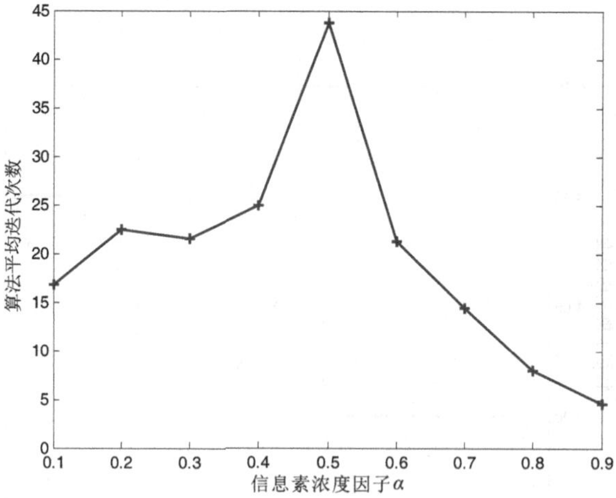

（a）

图 3.4　参数 α 对算法性能的影响

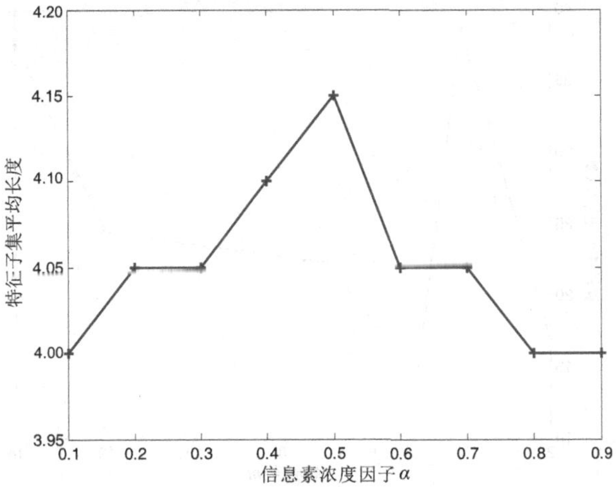

(b)

图 3.4 参数 α 对算法性能的影响（续图）

从表 3.4 和图 3.4 可以看到：当 α 较小或较大时，HSACO 算法的收敛速度都很快，尤其是当参数 α 特别大时，算法容易快速收敛到全局最优解。因此，在本书中取 α=0.9，则 β=0.1。

（3）蚂蚁数 m 的选择。在特征选择中，单个蚂蚁在一次循环中所经过的路径，就是一个可行解。因此，蚂蚁的数目会影响算法的性能和收敛速度。

首先固定其他参数值，设置如下：α=0.9，β=0.1，ρ=0.6，Q=10，σ=1，然后不断调整蚂蚁数 m 的值，使其从 2 递增到 14，实验结果见表 3.5，其对应的图形如图 3.5 所示。

从表 3.5 和图 3.5 可以看到：当蚁群数 m 较大，增大到一定程度后，算法得到的特征子集平均长度越来越趋于最优值，但算法平均迭代次数却不断增加，收敛速度降低；反之，蚂蚁数 m 较少时，算法得到的特征子集平均长度不断增大，算法平均迭代次数不断减少，收敛速度加快。因此，m 的选择，既要考虑最终得到的特征子集平均长度，即算法全局搜索能力，又要考虑算法平均迭代次数，即算法收敛速度，必须在这两者之间进行权衡。

表 3.5 蚂蚁数 m 对算法性能的影响

蚂蚁数 m	2	3	4	5	7	12	14
特征子集平均长度	4.15	4.1	4.05	4	4.05	4	4
算法平均迭代次数	16.8	27.9	38.6	14.2	22.25	24.4	37.8

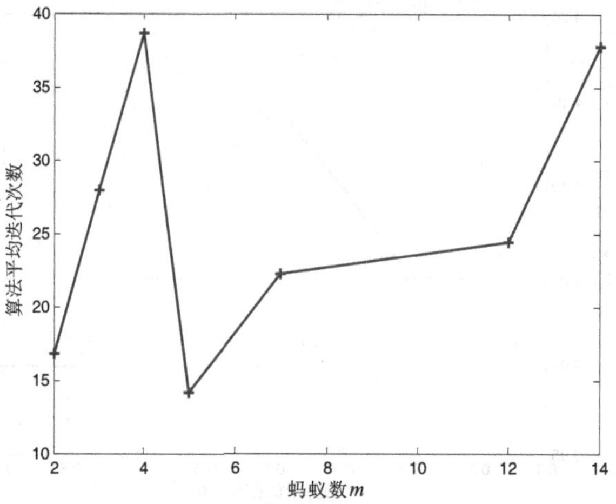

（a）

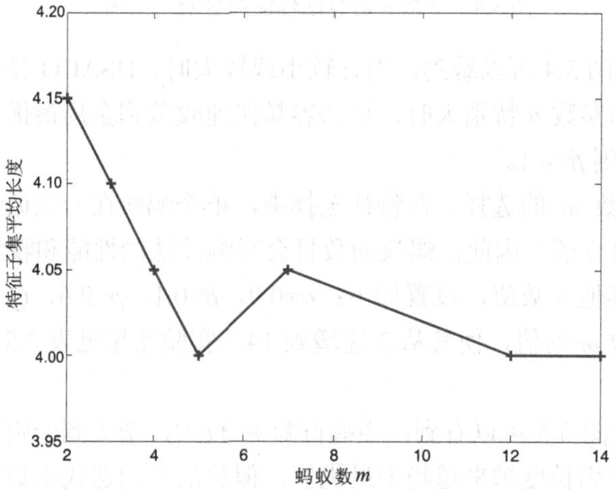

（b）

图 3.5　蚂蚁数 m 对算法性能的影响

从表 3.5 和图 3.5 中发现：HSACO 算法中，蚂蚁数 m 的取值在 $\sqrt{n} \sim \frac{n}{2}$（$n$ 为问题的规模即条件特征数）左右，即 5～11 左右时，算法性能一致且稳定，全局搜索能力和收敛速度之间达到平衡，故综合考虑可设置为 $m=\sqrt{n}$，即 m=5。

（4）信息素强度 Q 的选择。蚂蚁完成一次遍历后，释放在所经过特征上的所有信息素之和称为信息素强度 Q。Q 的大小对蚁群的正反馈机制起到一定的促进作用。当 Q 越大时，蚂蚁在其所经过的特征上，释放的信息素总量越大，蚁群的正反馈机制增强，算法收敛速度加快。

首先固定其他参数值：$m=\sqrt{n}$（n 为条件特征数），α=0.9，β=0.1，ρ=0.6，σ=1，然后不断调整信息素强度 Q 的值，使其从 1 逐渐递增到 1000。实验结果见表 3.6，其对应的图形如图 3.6 所示。

表 3.6 信息素强度 Q 对算法性能的影响

信息素强度 Q	1	5	10	50	100	200	500	1000
特征子集平均长度	4.1	4.1	4.1	4.05	4.1	4.1	4.1	4.25
算法平均迭代次数	49.35	51.45	42.1	23.85	28.3	27.7	24.95	23.6

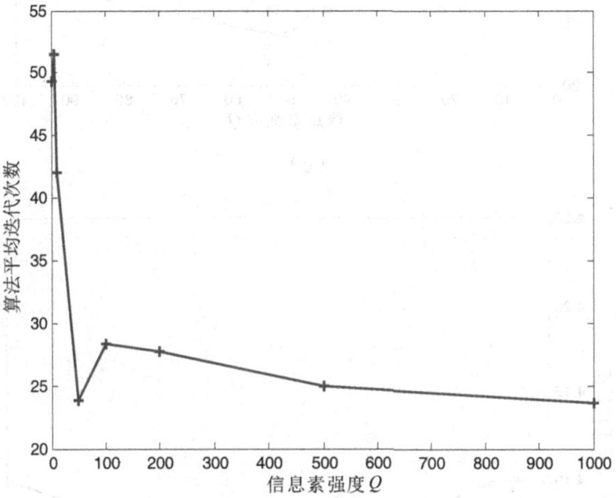

（a）

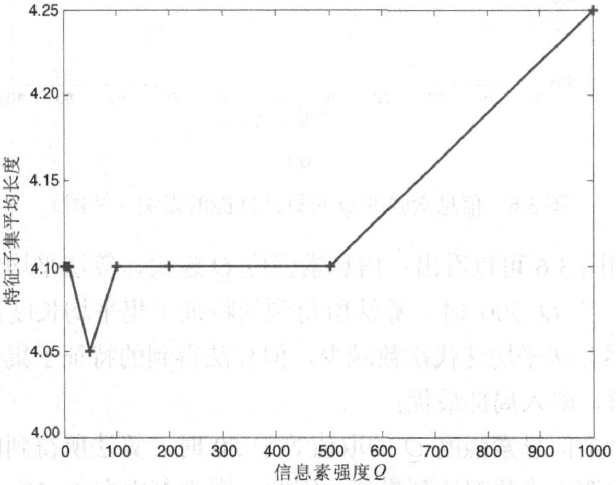

（b）

图 3.6 信息素强度 Q 对算法性能的影响

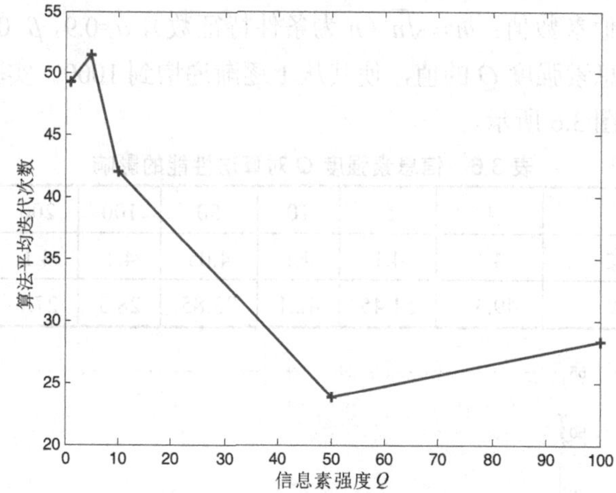

（c）

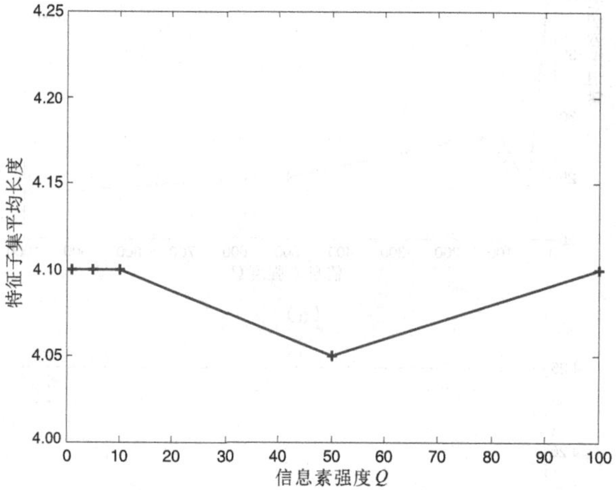

（d）

图 3.6　信息素强度 Q 对算法性能的影响（续图）

从表 3.6 和图 3.6 可以看出：信息素强度 Q 越大，算法平均迭代次数越少，说明收敛越快；当 $Q<500$ 时，算法所得到的特征子集平均长度比较稳定；而当 $Q>500$ 时，虽然算法平均迭代次数减少，但算法得到的特征子集平均长度明显增大，偏离最优解，陷入局部最优。

可以发现：当信息素强度 Q 的取值等于 50 时，算法所得到的特征子集平均长度和算法平均迭代次数都达到最佳。因此，在本书中取 Q=50。

（5）精英蚂蚁数 σ 的选择。精英蚂蚁的使用，会加快算法的求解速度，但是，过多的精英蚂蚁，也会导致搜索陷入局部最优。因为，精英蚂蚁完成一次遍历后，当前最优解中所有特征上的信息素会得到增强。在下一次遍历时，蚂蚁们会以很大的概率选择这些特征，容易产生早熟收敛。因此，精英蚂蚁的数量不能太大。

首先固定其他参数值：$m=\sqrt{n}$（n 为条件特征数），α=0.9，β=0.1，ρ=0.6，Q=50，然后不断调整精英蚂蚁数 σ 的值，使其从 1 逐渐递增到 5。实验结果见表 3.7，其对应图形如图 3.7 所示。

表 3.7　精英蚂蚁数 σ 对算法性能的影响

精英蚂蚁数 σ	1	2	3	4	5
特征子集平均长度	4.05	4.05	4.11	4.2	4.25
算法平均迭代次数	12.65	29.5	37.13	51.75	61.85

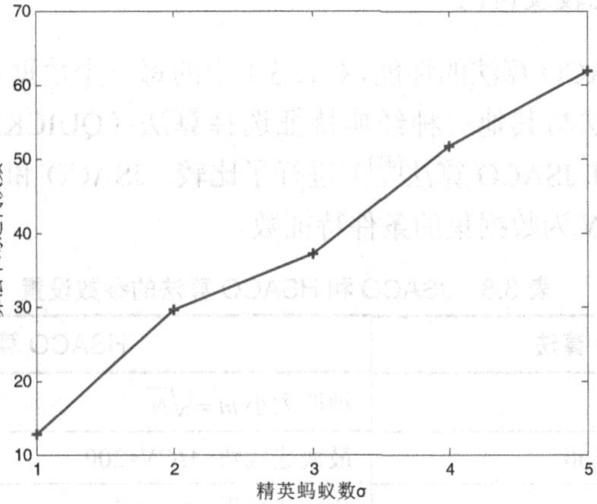

(a)

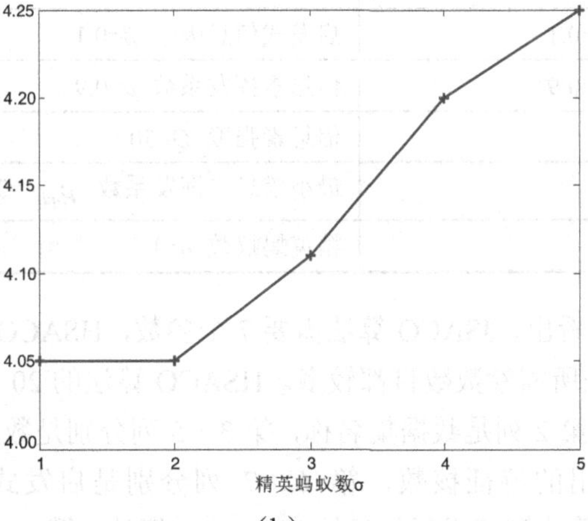

(b)

图 3.7　精英蚂蚁数 σ 对算法性能的影响

从表 3.7 和图 3.7 中可以看出：在其他参数均保持一致的情况下，精英蚂蚁数 σ 对算法的性能和收敛速度有较大的影响。当精英蚂蚁数 σ 较小时，算法得到的特征子集平均长度较小且算法平均迭代次数较低；反之，精英蚂蚁数 σ 较大时，算法得到的特征子集平均长度较大且算法平均迭代次数较高。可以发现，当精英蚂蚁数 $\sigma=1$ 时，算法得到的特征子集平均长度和平均迭代次数都达到最佳。因此，在本书中，令 $\sigma=1$。

通过以上对 HSACO 算法中 6 个主要参数的取值分析，较为合理的参数设置为：蚂蚁数 $m=\sqrt{n}$（n 为条件特征数），信息素浓度因子 $\alpha=0.9$，启发式信息因子 $\beta=0.1$，信息素挥发系数 $\rho=0.9$，信息素强度 $Q=50$，精英蚂蚁数 $\sigma=1$。

3.3.3 结果比较及讨论

为了检验 HSACO 算法的性能，对表 3.1 中的每一个数据集进行了 20 次测试，并将 HSACO 算法与其他三种经典特征选择算法（QUICKREDUCT 算法[10]、MIBARK 算法[15]和 JSACO 算法[47]）进行了比较。JSACO 和 HSACO 算法所需参数见表 3.8，其中 N 为数据集的条件特征数。

表 3.8 JSACO 和 HSACO 算法的参数设置

JSACO 算法	HSACO 算法
种群大小 $M=N/2$	种群大小 $m=\sqrt{N}$
最大迭代数 $MCN=200$	最大迭代数 $MCN=200$
初始信息素 $\tau_0=0.5$	初始信息素 $\tau_0=0.5$
信息素浓度因子 $\alpha=1$	信息素浓度因子 $\alpha=0.9$
启发式信息因子 $\beta=0.1$	启发式信息因子 $\beta=0.1$
信息素挥发系数 $\rho=0.9$	信息素挥发系数 $\rho=0.9$
信息素强度 $Q=50$	信息素强度 $Q=50$
	最小信息素挥发系数 $\rho_{min}=0.01$
	精英蚂蚁数 $\sigma=1$

从表 3.8 可以看出，JSACO 算法需要 7 个参数，HSACO 算法需要 9 个参数。很明显，两种算法所需参数数目都较多。HSACO 算法的 20 次测试结果见表 3.9。

在表 3.9 中，第 2 列是数据集名称，第 3～5 列分别是数据集的实例数、条件特征数和计算求出的特征核数，第 6、7 列分别是启发式方法中基于正域的 QUICKREDUCT 算法和基于互信息的 MIBARK 算法，第 8、9 列分别是群智能算法中基于蚁群优化的 JSACO 算法和 HSACO 算法。其中：$4^{13}5^{7}$ 表示在 20 次测试中，有 13 次得到长度为 4 的特征子集，还有 7 次得到的特征子集长度为 5。

表 3.9 HSACO 算法的测试与比较结果

序号	数据集	实例数	条件特征数	特征核	QUICKREDUCT	MIBARK	JSACO	HSACO
1	Audiology	200	68	3	20^{20}	19^{20}	$20^{2}21^{18}$	$13^{19}14^{1}$
2	Balance-Scale	625	4	4	4^{20}	4^{20}	4^{20}	4^{20}
3	Balloon	20	4	2	2^{20}	2^{20}	2^{20}	2^{20}
4	Breast-Cancer	699	9	1	4^{20}	4^{20}	4^{20}	4^{20}
5	Car	1728	6	6	6^{20}	6^{20}	6^{20}	6^{20}
6	Chess-King	3196	36	27	30^{20}	30^{20}	$29^{4}30^{11}31^{5}$	29^{20}
7	Monks1	124	6	3	3^{20}	3^{20}	3^{20}	3^{20}
8	Monks3	122	6	4	4^{20}	4^{20}	4^{20}	4^{20}
9	Mushroom	8124	22	0	6^{20}	5^{20}	$4^{13}5^{7}$	$4^{18}5^{2}$
10	Nursery	12960	8	8	8^{20}	8^{20}	8^{20}	8^{20}
11	Shuttle-Loading	15	6	2	3^{20}	3^{20}	$3^{17}4^{3}$	3^{20}
12	Solar-Flare	1389	12	4	6^{20}	6^{20}	$6^{18}8^{2}$	6^{20}
13	Soybean-Small	47	35	0	3^{20}	3^{20}	2^{20}	2^{20}
14	Spect	267	22	15	19^{20}	19^{20}	$19^{16}20^{4}$	17^{20}
15	Splice	3190	60	0	11^{20}	11^{20}	$11^{14}12^{6}$	$10^{15}11^{5}$
16	Tic-Tac-Toe	958	9	0	8^{20}	8^{20}	8^{20}	8^{20}
17	Vote	435	16	9	12^{20}	11^{20}	$10^{5}11^{7}12^{8}$	10^{20}
18	Zoo	101	16	2	6^{20}	5^{20}	$5^{18}6^{2}$	5^{20}

从表 3.9 中可以看出：在 20 次测试中，启发式方法作为确定性算法，每次都能得到完全一致的解，而群智能算法常常得到不同的解，表现在 9 个数据集上。总的来说，群智能算法能够找到基数较少的特征子集，优于启发式方法。

为了便于对四种算法的结果进行比较，针对表 3.9 绘制了图表，如图 3.8 所示。

从图 3.8 中可以发现：在 8 个数据集（Balance-Scale、Balloon、Breast-Cancer、Car、Monks1、Monks3、Nursery 和 Tic-Tac-Toe）上，四种算法得到完全一致的结果。在剩余的 10 个数据集中，HSACO 算法得到的特征子集平均长度最短；QUICKREDUCT 稍逊于 MIBARK 算法，其在 4 个数据集（Audiology、Mushroom、Vote 和 Zoo）上得到的特征子集平均长度均比 MIBARK 算法长；JSACO 算法得到的特征子集平均长度存在一定的波动，有时甚至得到比启发式方法还差的结果。

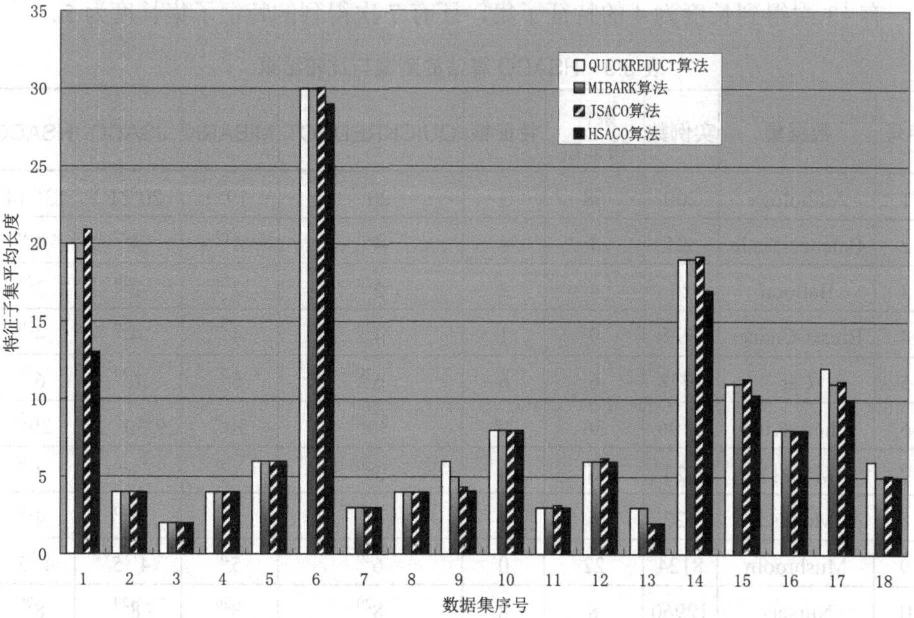

图 3.8　四种算法得到的特征子集平均长度比较

下面从 JSACO 算法和 HSACO 算法的 20 次测试结果中，分别选择收敛最快的一次即最好情况下的测试结果进行比较。观察在 200 次迭代过程中，它们得到特征子集的变化情况，以此来比较在最好情况下两种群智能算法的收敛速度，具体如图 3.9 所示。

从图 3.9 中可以发现：两种群智能算法在 8 个数据集（Balance-Scale、Balloon、Car、Monks1、Monks3、Nursery、Solar-Flare 和 Tic-Tac-Toe）上的迭代过程完全一致。在剩余 10 个数据集上，JSACO 算法在 3 个数据集（Audiology、Spect 和 Splice）上无法收敛到全局最优解，而 HSACO 算法都能收敛到全局最优解，并且收敛速度比 JSACO 算法快。总体上看，在 18 个数据集上，除数据集 Mushroom 和 Splice 外，HSACO 算法都能在第一次迭代时得到全局最优解，收敛速度很快。

HSACO 算法优于 JSACO 算法的原因有二个：一方面，HSACO 算法从特征核开始解的遍历。特征核的计算，缩小了种群搜索的范围，提高了收敛速度，而 JSACO 算法则是从一个随机特征出发开始解的遍历。另一方面，HSACO 算法采用混合策略，不仅加快了收敛速度，而且能有效避免陷入局部最优，得到全局最优解。

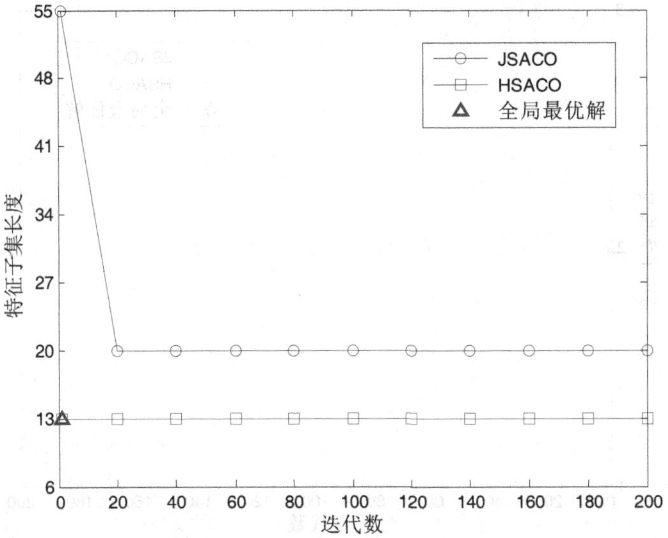

（1）Audiology

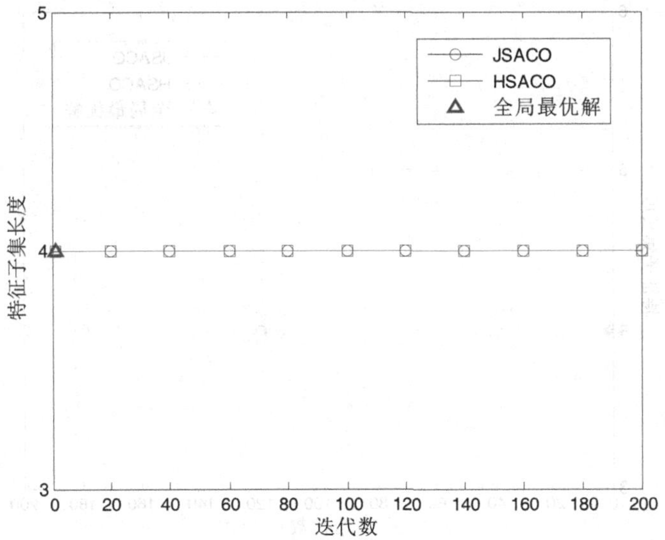

（2）Balance-Scale

图 3.9 两种群智能算法在最好情况下得到特征子集的迭代过程

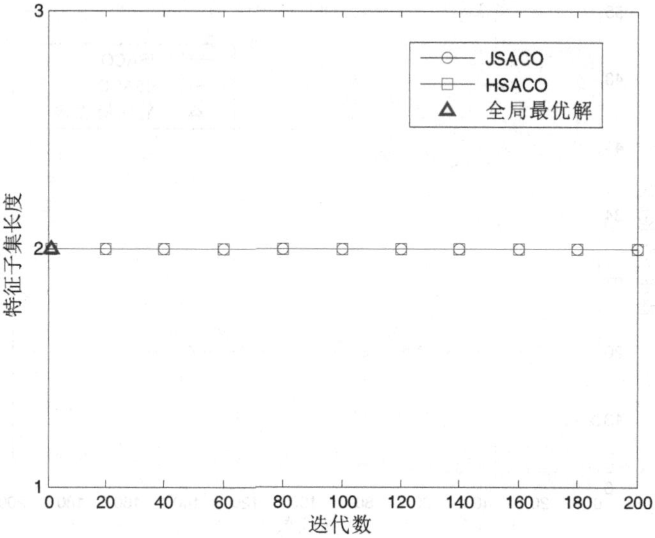

（3）Balloon

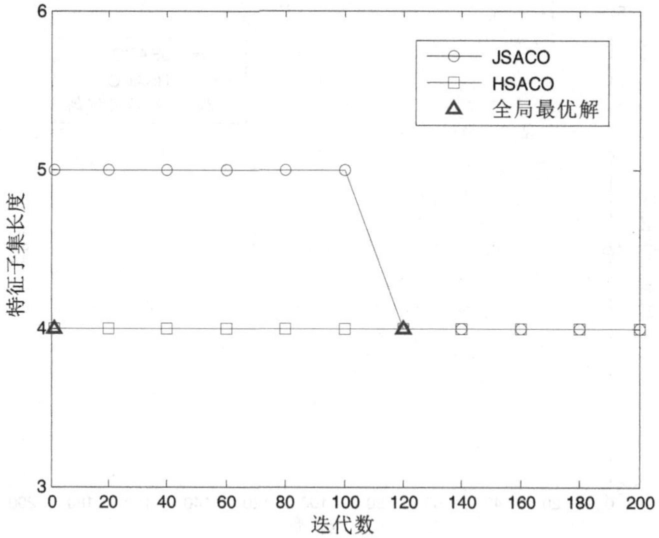

（4）Breast-Cancer

图 3.9　两种群智能算法在最好情况下得到特征子集的迭代过程（续图）

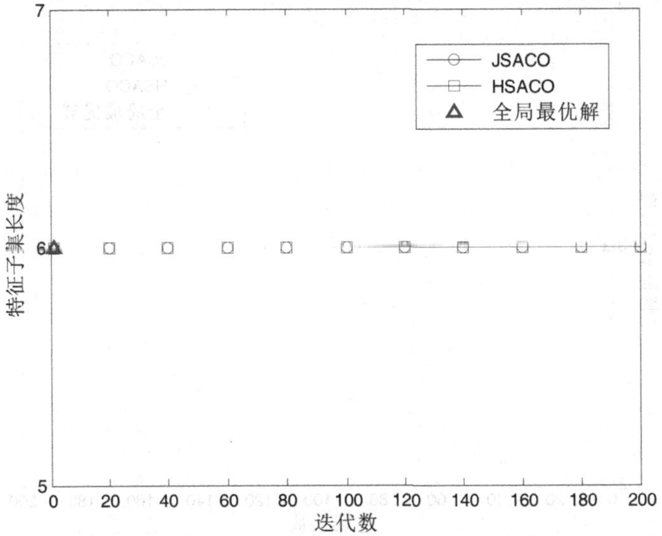

（5）Car

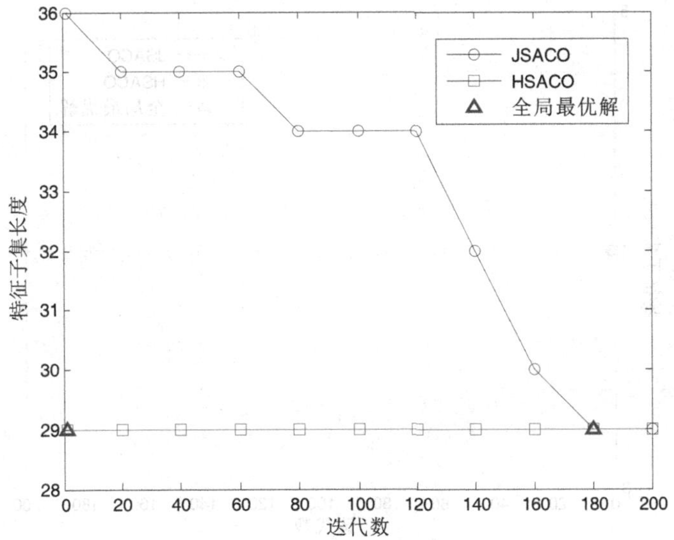

（6）Chess-King

图 3.9　两种群智能算法在最好情况下得到特征子集的迭代过程（续图）

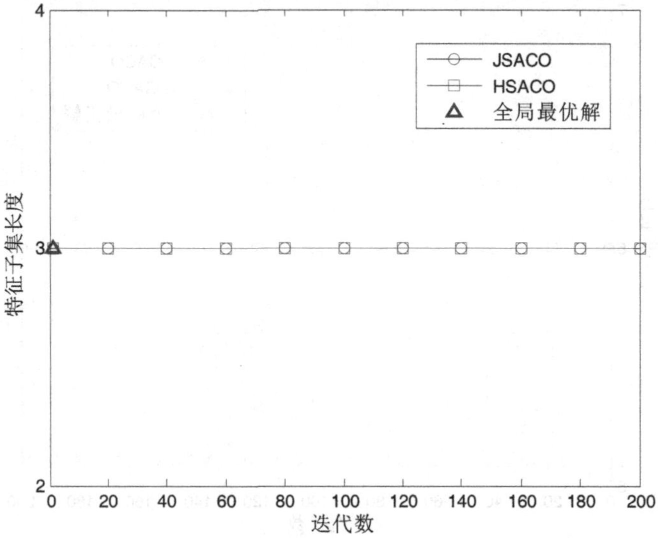

（7）Monks1

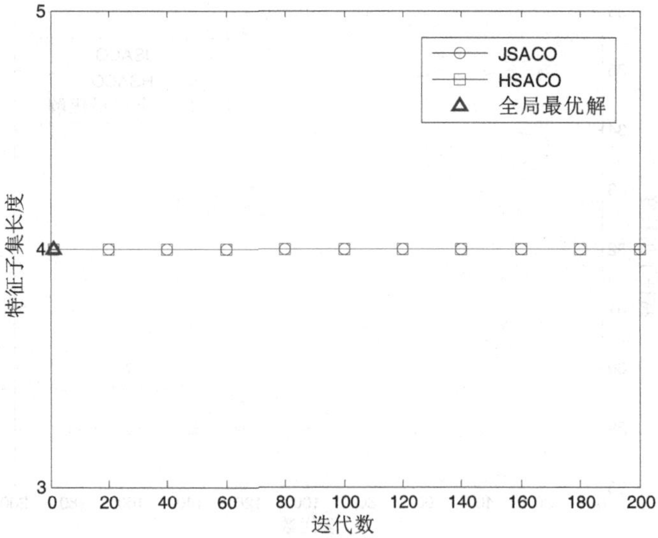

（8）Monks3

图 3.9　两种群智能算法在最好情况下得到特征子集的迭代过程（续图）

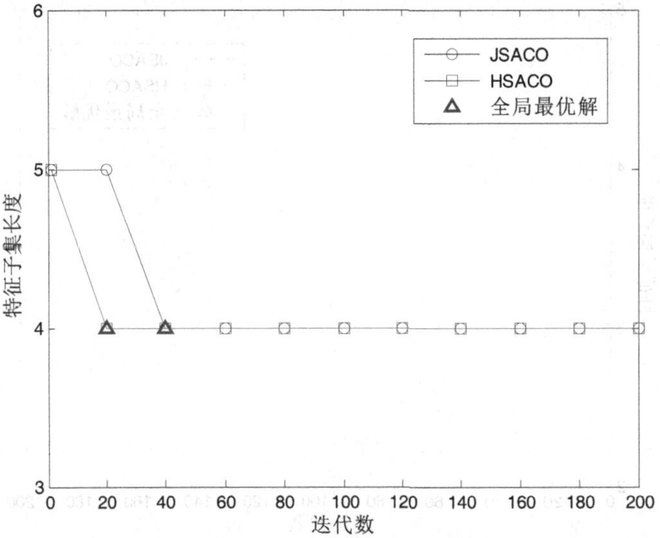

（9）Mushroom

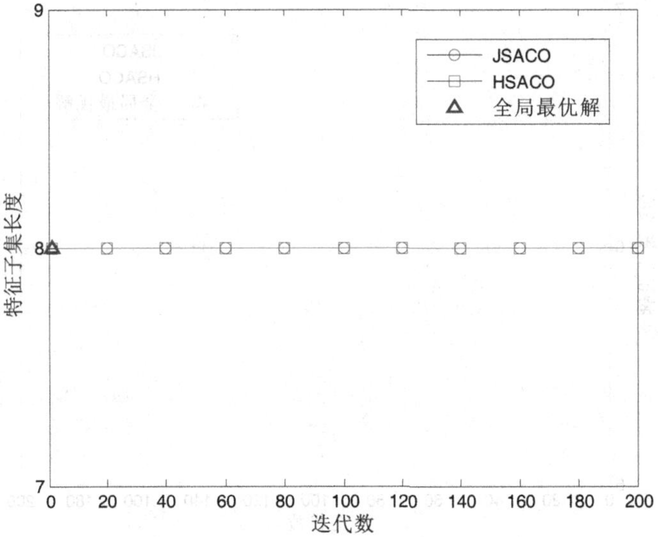

（10）Nursery

图 3.9 两种群智能算法在最好情况下得到特征子集的迭代过程（续图）

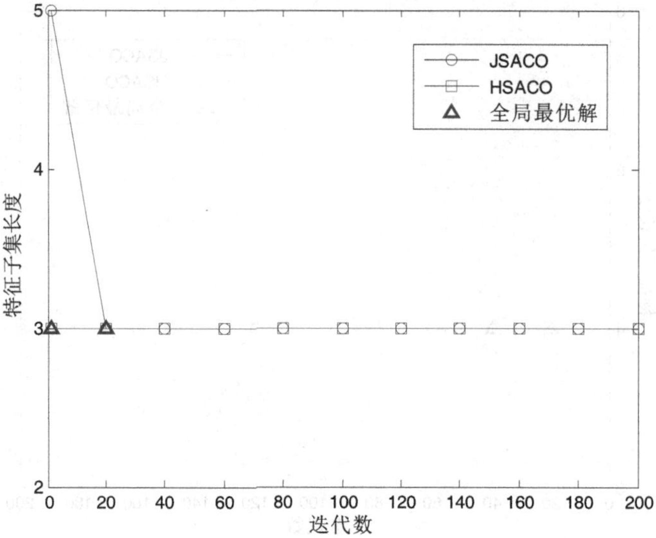

（11）Shuttle-Loading

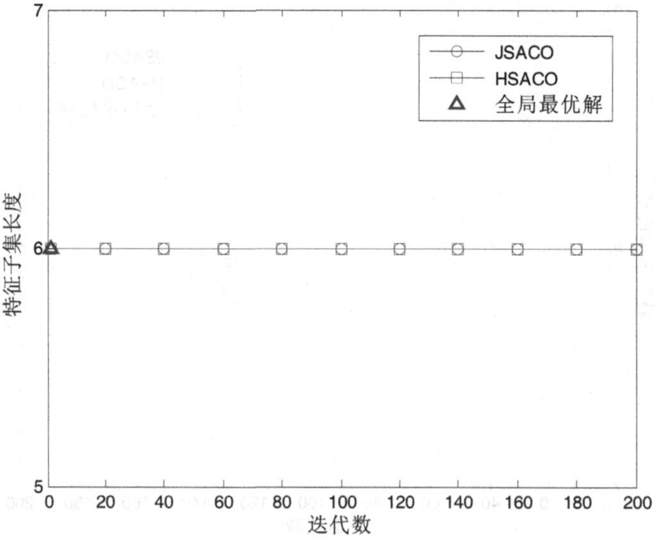

（12）Solar-Flare

图 3.9　两种群智能算法在最好情况下得到特征子集的迭代过程（续图）

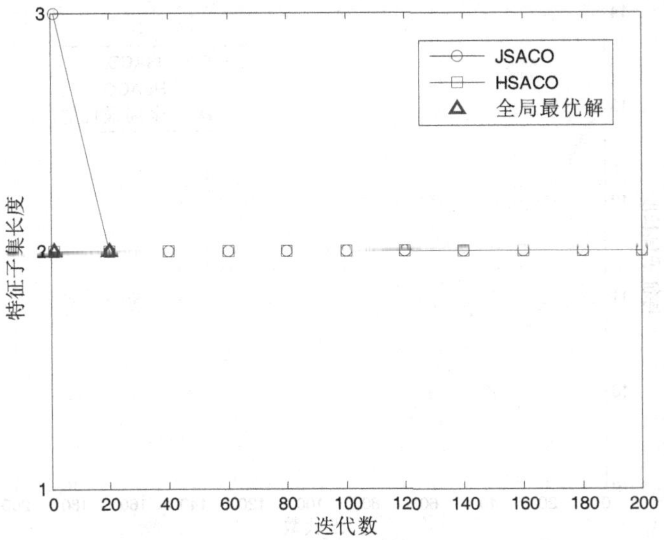

（13）Soybean-Small

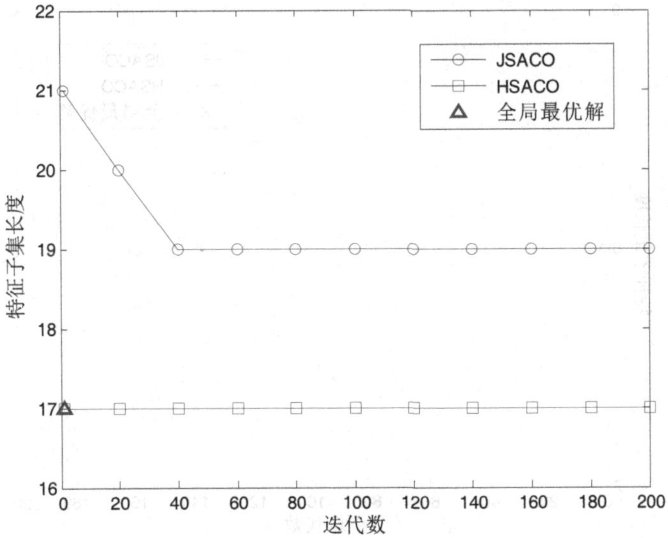

（14）Spect

图 3.9 两种群智能算法在最好情况下得到特征子集的迭代过程（续图）

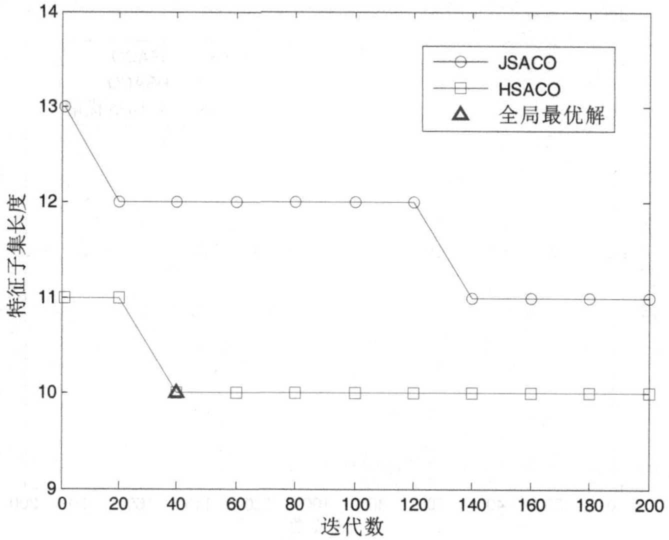

（15）Splice

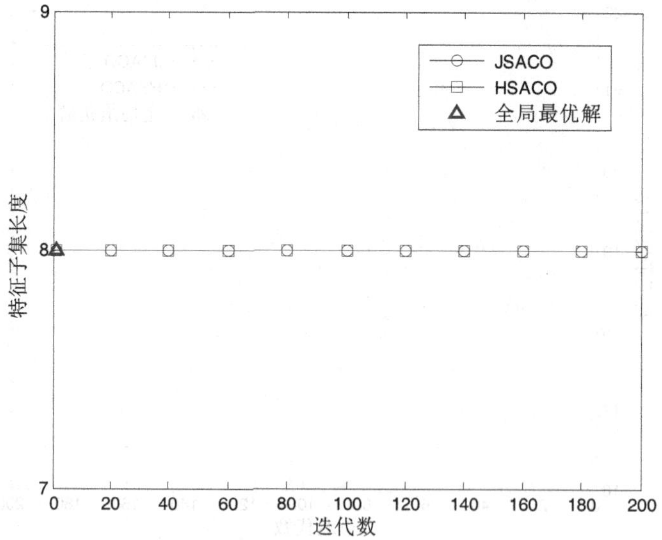

（16）Tic-Tac-Toe

图 3.9　两种群智能算法在最好情况下得到特征子集的迭代过程（续图）

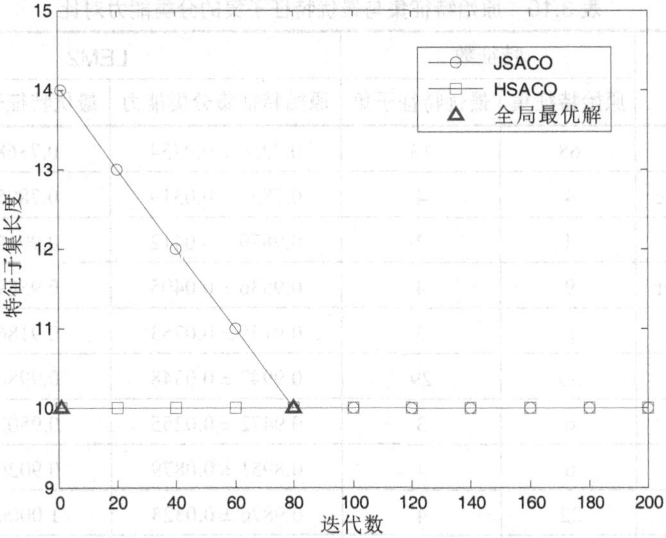

（17）Vote

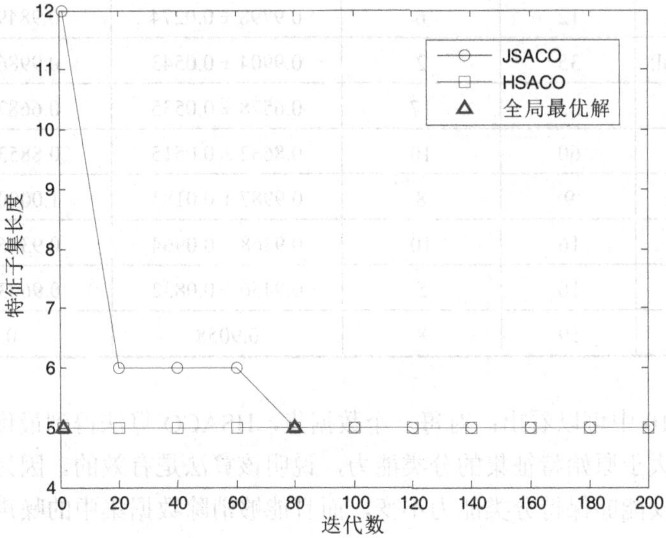

（18）Zoo

图 3.9　两种群智能算法在最好情况下得到特征子集的迭代过程（续图）

为了对 HSACO 算法所选择的特征子集进行验证，引入流行的 LEM2[248]分类学习算法，以 10 折交叉验证来评价特征子集的分类能力，结果见表 3.10。

表 3.10　原始特征集与最优特征子集的分类能力对比

数据集	特征数		LEM2	
	原始特征集	最优特征子集	原始特征集分类能力	最优特征子集分类能力
Audiology	68	13	0.7256 ± 0.0754	0.7368 ± 0.0477
Balance-Scale	4	4	0.7823 ± 0.0319	0.7895 ± 0.0328
Balloon	4	2	0.9879 ± 0.0412	0.9915 ± 0.0141
Breast-Cancer	9	4	0.9536 ± 0.0405	0.9589 ± 0.0422
Car	6	6	0.9145 ± 0.0753	0.9186 ± 0.0258
Chess-King	36	29	0.9947 ± 0.0348	0.9988 ± 0.0147
Monks1	6	3	0.9472 ± 0.0255	0.9502 ± 0.0661
Monks3	6	4	0.8951 ± 0.0879	0.9026 ± 0.0233
Mushroom	22	4	0.9876 ± 0.0323	1.0000 ± 0.0000
Nursery	8	8	0.9828 ± 0.0117	0.9852 ± 0.0028
Shuttle-Loading	6	3	0.7612 ± 0.0681	0.7657 ± 0.0426
Solar-Flare	12	6	0.9798 ± 0.0274	0.9849 ± 0.0024
Soybean-Small	35	2	0.9904 ± 0.0543	0.9986 ± 0.0423
Spect	22	17	0.6578 ± 0.0535	0.6687 ± 0.0521
Splice	60	10	0.8632 ± 0.0515	0.8853 ± 0.0907
Tic-Tac-Toe	9	8	0.9987 ± 0.0183	1.0000 ± 0.0000
Vote	16	10	0.9368 ± 0.0964	0.9396 ± 0.0817
Zoo	16	5	0.9456 ± 0.0832	0.9603 ± 0.0572
平均值	19	8	0.9058	0.9130

从表 3.10 中可以看出：对每一个数据集，HSACO 算法得到最优特征子集的分类能力都大于原始特征集的分类能力，说明该算法是有效的。因为它所得到的特征子集不仅能够保持分类能力不变，而且能够消除数据集中的噪声，使分类能力得到提升。

综上所述，结合 HSACO 算法得到特征子集的平均长度、收敛速度和最优特征子集的分类能力，可以得出结论：对于特征选择，HSACO 算法是有效的，算法性能优于三种经典特征选择算法。

3.4　本章小结

本章研究群智能中的代表性算法——ACO 算法，总结其改进措施，在基于群智能和粗糙集特征选择框架的基础上，设计一种基于 ACO 和粗糙集的特征选择算法 HSACO。算法从粗糙集的特征核开始解的遍历，并采用基于互信息的特征重要性作为概率转移公式中的启发式信息，指导蚂蚁从当前特征搜索到下一个特征，保证全局搜索在有效可行解的范围内进行；同时采用混合策略来更新信息素，使用精英蚂蚁、自适应地改变信息素挥发系数和动态调整信息素，有效地促进特征子集朝着最短、最优的方向发展，加快算法收敛速度，避免陷入局部最优。由于 HSACO 算法参数较多，它们直接影响着算法性能和收敛速度，而参数的设置到目前尚没有理论上的依据，通常都是根据经验而定。因此本书首先通过实验，确定 HSACO 算法中 6 个主要参数的选取，然后进行算法测试。实验结果表明，HSACO 算法能够找到最优特征子集，且收敛速度快，算法性能优于三种经典特征选择算法。

第 4 章　基于粒子群优化和粗糙集的特征选择方法

4.1　引言

1995 年，Kennedy 和 Eberhart[26]通过模拟鸟群捕食行为提出 PSO 算法。PSO 算法概念简单、容易实现，而且搜索速度快，但对于复杂问题易于陷入局部最优，导致算法早熟收敛。因此，研究者们通过对 PSO 算法的不断研究，提出了众多改进算法，并将其成功应用于各个领域。

目前，已有多名学者将 PSO 算法与粗糙集相结合应用于特征选择。通过采取如下措施：引入各种策略初始化种群，定义适当的适应值函数和粒子的速度及位置更新公式，充分利用粒子群的探索能力来执行特征选择和发现最优特征子集，已经取得一定进展。下面介绍一种代表性算法：2010 年，Bae 等[49]提出一种智能动态群 IDS 算法，是对 PSO 算法、粗糙集和 K-均值算法的混合。

首先利用 K-均值算法对有连续变量的数据集进行离散化，然后采用 IDS 算法进行特征选择。IDS 算法特征选择流程图如图 4.1 所示。

IDS 算法中，每个粒子的位置用长度为 N 的二进制位串表示，其中，N 表示条件特征数。位串中的一位对应一个特征，“1”表示该特征被选择，“0”表示该特征未被选择。每个粒子的位置则对应一个特征子集。

IDS 算法的一大特色是粒子位置的更新不再需要使用速度，而是依据一个随机数及三个给定参数 C_w、C_p 和 C_g。更新时，需要遍历位置中的每一位，首先产生[0,1]之间的一个随机数 R，然后判断：若 $0 \leqslant R < C_w$，则粒子该位的值将被保留；若 $C_w \leqslant R < C_p$，则粒子该位的值将被粒子的个体极值 $Pbest$ 对应位的值替换；若 $C_p \leqslant R < C_g$，则粒子该位的值将被粒子群的全局极值 $Gbest$ 对应位的值替换；否则，粒子该位的值将被一个随机产生的二进制值“1”或“0”替换。

IDS 算法中三个参数分别设置为 $C_w = 0.1$，$C_p = 0.4$，$C_g = 0.9$，并在 7 个 UCI 数据集上进行试验，通过比较发现：IDS 算法具有竞争性能，速度平均比传统的 PSO 快 30%。

虽然 IDS 算法在粗糙集特征选择中取得较好的效果，但可以发现：粒子位置更新的随机性仅为 10%（即 $1-C_g$），且在整个迭代过程中保持不变，而粒子向全

局极值 *Gbest* 的趋近性高达 50%（即 C_g-C_p），易于陷入局部最优。实际工作中，特别是当数据集特征数较多时，希望算法能够在迭代前期具有较大的随机性，而在迭代后期，当粒子的位置已经逼近最优特征子集时，随机性减小。粒子向全局极值 *Gbest* 的趋近性则恰恰相反，迭代前期应较小，后期则较大。同时，由于种群初始化的随机性，IDS 算法产生的初始种群可能包含质量较差的粒子，从而导致收敛速度变慢。因此，针对 IDS 算法，还有很多工作需要进一步研究，有待挖掘。

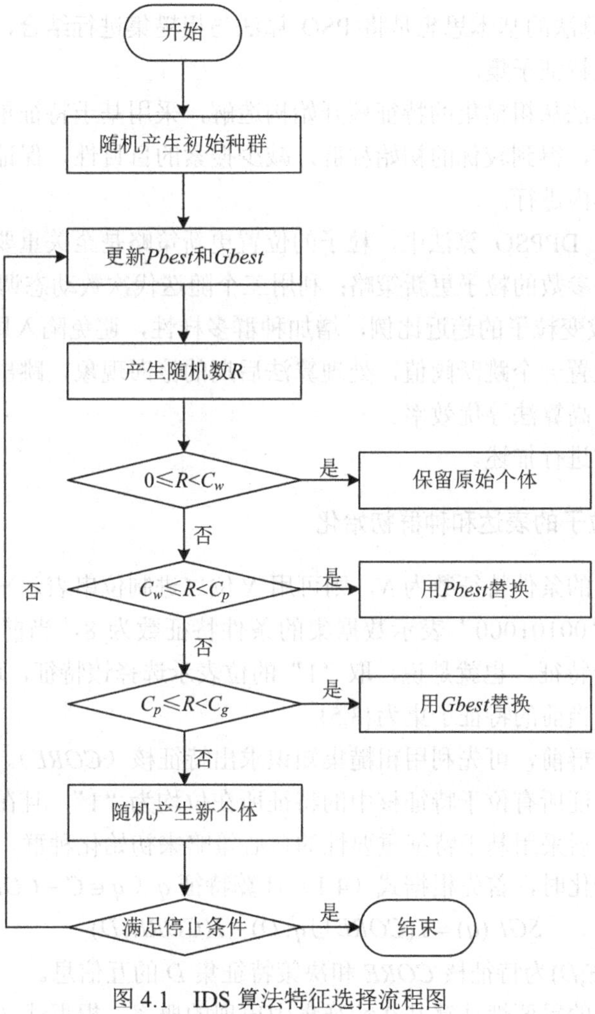

图 4.1 IDS 算法特征选择流程图

本章通过研究 IDS 算法，分析其存在的问题，在基于群智能和粗糙集特征选择框架的基础上，提出一种基于 PSO 和粗糙集的特征选择算法 DPPSO。算法首先利用粗糙集知识初始化种群，产生较高质量的粒子，然后采用带有动态调整参数的粒子更新策略，并设置一个跳跃阈值，增强种群多样性，加快算法收敛，避免陷入局部最优，与 IDS 算法相比具有一定的优势。

4.2 基于粒子群优化和粗糙集的特征选择算法 DPPSO

4.2.1 算法思想

DPPSO 算法的基本思想是将 PSO 算法与粗糙集进行结合，在给定的迭代次数内搜索最优特征子集。

首先，算法从粗糙集的特征核开始构造解，采用基于特征重要性的贪心策略来初始化种群，得到较优的初始种群，减少搜索的盲目性，保证全局搜索在有效可行解的范围内进行。

其次，在 DPPSO 算法中，粒子的位置更新策略是至关重要的。本书提出一种带动态调整参数的粒子更新策略：利用三个随迭代次数动态调整的参数 C_w、C_p 和 C_g，不断改变粒子的趋近比例，增加种群多样性，避免陷入局部最优。

同时，设置一个跳跃阈值，处理算法后期的停滞现象，跳出局部极值，加快算法收敛，提高算法寻优效率。

下面具体进行描述。

4.2.2 粒子的表达和种群初始化

设数据集的条件特征数为 N，则可用 N 位二进制位串表示一个粒子。例如：二进制位串“00101000”表示数据集的条件特征数为 8，当前选择数据集的第 3 个和第 5 个特征，也就是说，取“1”的位表示选择该特征，取“0”则不选择该特征，那么当前的特征子集为{3,5}。

初始化种群前，可先利用粗糙集知识求出特征核（$CORE$）。这样，种群在初始化时，要保证所有位于特征核中的特征所在位均为“1”，且在整个迭代过程中保持不变。然后采用基于特征重要性的贪心策略来初始化种群。

种群初始化时，首先根据式（4.1）计算特征 q（$q \in C - CORE$）的重要性：

$$SGF(q) = I(CORE \cup q; D) - I(CORE; D) \tag{4.1}$$

式中，$I(CORE;D)$为特征核 $CORE$ 和决策特征集 D 的互信息。

再由特征的重要性计算其在特征集中出现的概率，根据式（4.2）计算 $P(q)$：

$$P(q) = \frac{SGF(q) - SGF_{\min}}{SGF_{\max} - SGF_{\min}} \tag{4.2}$$

式中，SGF_{max} 是特征重要性的最大值；SGF_{min} 是特征重要性的最小值，$P(q)\in[0,1]$。

随机产生 M 个粒子，其位置 $X_i=(x_{i1},x_{i2},\cdots,x_{iN})$，对粒子 i 的第 j 位可根据式（4.3）计算 x_{ij}：

$$x_{ij}=\begin{cases}1, & j\in CORE\\ 1, & \text{rand}()\leqslant P(q)\\ 0, & \text{rand}()>P(q)\end{cases} \tag{4.3}$$

式中，$i\in\{1,2,\cdots,M\}$，$j\in\{1,2,\cdots,N\}$，q 为粒子 i 的第 j 位所对应的特征。若 $j\in CORE$，则 $x_{ij}=1$，且在整个迭代过程中保持不变。

因此，DPPSO 算法的搜索是以特征核为中心的，并采用基于特征重要性的贪心策略来初始化种群，可以减少盲目性，提高种群质量，加快算法收敛。

4.2.3　基于互信息的适应值函数

为了促进特征子集朝着最短、最优的方向发展，采用如下适应值函数[249]：

$$fit(R)=\alpha\cdot\frac{I(R;D)}{I(C;D)}+\beta\cdot\frac{|C|-|R|}{|C|} \tag{4.4}$$

式中，$|R|$为特征子集 R 的基数，即 R 所对应的二进制位串中“1”的个数；$|C|$为条件特征集 C 的基数，即 C 所对应的二进制位串中“1”的个数；$I(R;D)$ 为特征子集 R 和决策特征集 D 之间的互信息，$I(C;D)$ 为条件特征集 C 和决策特征集 D 之间的互信息，如果 $I(R;D)=I(C;D)$，则表明特征子集 R 和条件特征集 C 具有相同的分类能力；α 为特征子集 R 的分类能力重要性；β 为特征子集 R 的基数重要性，且 $\alpha,\beta\in[0,1]$，$\alpha+\beta=1$。参数 α 和 β 是对特征子集 R 的分类能力和基数之间的一个权衡。

在特征选择中，假设特征子集的分类能力比特征子集的基数更重要，那么令 α=0.9，β=0.1。这个较大的 α 确保得到的特征子集至少是一个约简，其目标是使特征子集 R 的适应值达到最大，即含有最少的特征数[48]。

4.2.4　粒子更新策略

在 DPPSO 算法中，粒子更新策略对是否能够找到最优特征子集起到决定性的作用，同时也是算法实现快速收敛和全局搜索的重要环节。因此，采用带有动态调整参数的粒子更新策略，并设置一个跳跃阈值，可以增加种群多样性，避免陷入局部最优。

（1）粒子更新公式。遍历位置中的每一位，产生一个[0,1]之间的随机数 R，将 R 与参数进行比较，根据式（4.5）更新粒子 i 的位置：

$$x_{ij}=\begin{cases}\text{rand}(x_{ij}), & 0\leqslant R<C_w\\ x_{ij}, & C_w\leqslant R<C_p\\ p_{ij}, & C_p\leqslant R<C_g\\ g_j, & C_g\leqslant R<1\end{cases} \tag{4.5}$$

式中，C_w、C_p和C_g为可动态调整的参数，需要预先设定。M为种群大小，N为条件特征数，$i\in\{1,2,\cdots,M\}$，$j\in\{1,2,\cdots,N\}$。$Pbest_i=(p_{i1},p_{i2},\cdots,p_{iN})$是粒子 i 的个体极值，p_{ij} 是粒子 i 的个体极值第 j 位上的值。$Gbest=(g_1,g_2,\cdots,g_N)$是粒子群的全局极值，$g_j$ 是全局极值第 j 位上的值。$\text{rand}(x_{ij})$为x_{ij}将根据式（4.3）设置为二进制值“0”或“1”。

更新时，将随机数 R 与参数进行比较：若$0\leqslant R<C_w$，则粒子该位的值将根据式（4.3）设置为二进制值“0”或“1”；若$C_w\leqslant R<C_p$，则粒子该位的值将被保留；若$C_p\leqslant R<C_g$，则粒子该位的值将被粒子的个体极值 $Pbest$ 对应位的值替换；否则，粒子该位的值将被粒子群的全局极值 $Gbest$ 对应位的值替换。

（2）参数的动态调整。在式（4.5）中，三个参数起到一个平衡作用。C_w体现粒子更新的随机性，C_p和C_g负责调整原始值x_{ij}与两个历史值 $Pbest$ 和 $Gbest$ 之间的比率，体现粒子向其个体极值或全局极值的趋近性。可以固定C_p的值，动态调整C_w和C_g的值。算法刚开始时，让C_w取较大值，C_g取较小值，使粒子易于在整个解空间内进行搜索，避免在局部极值附近徘徊。随着算法的迭代，C_w的值将不断减少，降低粒子更新的随机性；C_g的值将不断增大，提升粒子更新时向全局极值的趋近性。最初设置$C_w=0.2$，$C_p=0.4$，$C_g=0.7$，其中C_w和C_g将随着迭代，根据式（4.6）、(4.7）自动进行调整：

$$C_w=\frac{MCN-cycle}{MCN}(C_w-0.1)+0.1 \tag{4.6}$$

$$C_g=\frac{MCN-cycle}{MCN}(C_g-0.9)+0.9 \tag{4.7}$$

式中，MCN 是最大迭代数；$cycle$ 是当前迭代数。

可见，C_w将从 0.2 递减到 0.1，C_g将从 0.7 递增到 0.9，即粒子更新的随机性随着迭代过程由 20%下降到 10%，而粒子更新时向全局极值的趋近性则随着迭代过程由 30%增加到 50%。

（3）跳跃阈值。DPPSO 算法在迭代后期容易出现停滞现象，为了帮助粒子尽早跳出局部极值，在算法中设置一个跳跃阈值 $JUMP$。当粒子的全局极值连续迭代超过跳跃阈值 $JUMP$ 次，而适应值没有改变，那么算法陷入局部极值的可能性增大，必须减少粒子更新时向全局极值的趋近性，此时可以将参数 C_g 恢复为初始值。

4.2.5 算法描述

根据上述介绍，本书提出基于 PSO 和粗糙集的特征选择算法 DPPSO。首先利用粗糙集知识计算特征核（*CORE*），并在此基础上，采用基于特征重要性的贪心策略初始化种群。然后在指定的迭代次数内，重复进行下列操作：计算粒子的适应值，采用带动态调整参数的更新策略对粒子进行更新，并更新个体极值和全局极值。如此，直至达到指定的迭代次数，得到最优特征子集（*REDU*）。

具体内容描述如下：

DPPSO 算法

输入：决策表 $DT=(U,C\cup D)$，算法各参数。 **输出**：最优特征子集 *REDU*。
Step1：计算特征核，记为 *CORE*。 Step1.1： $CORE=\varnothing$； Step1.2：对每一个 $a\in C$，若 $I(C-\{a\};D)<I(C;D)$，则 $CORE=CORE\cup\{a\}$； Step1.3：若 $I(CORE;D)=I(C;D)$，则 $REDU=CORE$，转 Step5；否则，转 Step2。 Step2：初始化种群。 Step2.1：根据式（4.1）计算特征 $q(q\in C-CORE)$的重要性； Step2.2：根据式（4.2）计算特征 q 在特征集中出现的概率 $P(q)$； Step2.3：根据式（4.3）初始化种群。 Step3：根据式（4.4）计算粒子的适应值、个体极值和全局极值。 Step4：在指定的迭代次数内，重复执行以下操作： Step4.1：遍历每个粒子的每一位，产生一个随机数 R，根据式（4.5）进行粒子更新； Step4.2：根据式（4.4）计算粒子的适应值，并更新个体极值和全局极值； Step4.3：根据式（4.6）和（4.7）进行参数调整； Step4.4：判断全局极值的连续迭代次数是否超过 *JUMP*，若超过则 C_g 恢复为初始值。 Step5：输出最优特征子集 *REDU*。

4.3 对比实验及结果分析

4.3.1 实验环境

DPPSO 算法采用 Matlab 2013a 工具实现，并运行在个人计算机上，配置为 i5-3470 CPU，8GB 内存，操作系统是 64 位 Windows 7。

实验数据采用和第 3 章完全一致的 18 个离散数据集，各数据集的处理情况均和第 3 章完全一致，故不再赘述。

4.3.2 结果比较及讨论

为了检验 DPPSO 算法的性能，对每个数据集进行 20 次测试，并将 DPPSO 算法与其他四种特征选择算法（QUICKREDUCT 算法[10]、MIBARK 算法[15]和 IDS 算法[49]及第 3 章提出的 HSACO 算法[245]）进行比较。算法 HSACO、IDS 和 DPPSO 所需参数见表 4.1，各种算法的测试结果见表 4.2。

表 4.1 HSACO、IDS 和 DPPSO 算法的参数设置

HSACO 算法	IDS 算法	DPPSO 算法
种群大小 $M\sqrt{N}$（N 为条件特征数）	种群大小 M=20	种群大小 M=20
最大迭代数 MCN=200	最大迭代数 MCN=200	最大迭代数 MCN=200
初始信息素 τ_0=0.5	参数 C_w=0.1	跳跃阈值 $JUMP$=10
信息素浓度因子 α=0.9	参数 C_p=0.4	参数 C_w=0.2
启发式信息因子 β=0.1	参数 C_g=0.9	参数 C_p=0.4
信息素挥发系数 ρ=0.9	分类能力重要因子 α=0.9	参数 C_g=0.7
信息素强度 Q=50	特征子集长度重要因子 β=0.1	分类能力重要因子 α=0.9
最小信息素挥发系数 ρ_{min}=0.01		特征子集长度重要因子 β=0.1
精英蚂蚁数 σ=1		

从表 4.1 中可以看出，HSACO 算法需要 9 个参数，IDS 算法算法需要 7 个参数，DPPSO 算法需要 8 个参数。很明显，三种算法所需参数数目差不多。

在表 4.2 中，第 2 列是数据集名称，第 3～5 列分别是数据集的实例数、条件特征数和计算求出的特征核数，第 6、7 列分别是启发式方法中基于正域的

QUICKREDUCT 算法和基于互信息的 MIBARK 算法，第 8～10 列分别是群智能算法中基于 ACO 的 HSACO 算法和基于 PSO 的 IDS 算法、DPPSO 算法。

表 4.2 DPPSO 算法的测试与比较结果

序号	数据集	实例数	条件特征数	特征核	QUICKREDUCT	MIBARK	HSACO	IDS	DPPSO
1	Audiology	200	68	3	20^{20}	19^{20}	$13^{19}14^{1}$	$13^{9}14^{8}15^{3}$	$13^{17}14^{3}$
2	Balance-Scale	625	4	4	4^{20}	4^{20}	4^{20}	4^{20}	4^{20}
3	Balloon	20	4	2	2^{20}	2^{20}	2^{20}	2^{20}	2^{20}
4	Breast-Cancer	699	9	1	4^{20}	4^{20}	4^{20}	4^{20}	4^{20}
5	Car	1728	6	6	6^{20}	6^{20}	6^{20}	6^{20}	6^{20}
6	Chess-King	3196	36	27	30^{20}	30^{20}	29^{20}	29^{20}	29^{20}
7	Monks1	124	6	3	3^{20}	3^{20}	3^{20}	3^{20}	3^{20}
8	Monks3	122	6	4	4^{20}	4^{20}	4^{20}	4^{20}	4^{20}
9	Mushroom	8124	22	0	6^{20}	5^{20}	$4^{18}5^{2}$	$4^{17}5^{3}$	4^{20}
10	Nursery	12960	8	8	8^{20}	8^{20}	8^{20}	8^{20}	8^{20}
11	Shuttle-Loading	15	6	2	3^{20}	3^{20}	3^{20}	3^{20}	3^{20}
12	Solar-Flare	1389	12	4	6^{20}	6^{20}	6^{20}	6^{20}	6^{20}
13	Soybean-Small	47	35	0	3^{20}	3^{20}	2^{20}	$2^{14}3^{4}4^{2}$	2^{20}
14	Spect	267	22	15	19^{20}	19^{20}	17^{20}	17^{20}	17^{20}
15	Splice	3190	60	0	11^{20}	11^{20}	$10^{15}11^{5}$	10^{20}	$10^{17}11^{3}$
16	Tic-Tac-Toe	958	9	0	8^{20}	8^{20}	8^{20}	8^{20}	8^{20}
17	Vote	435	16	9	12^{20}	11^{20}	10^{20}	10^{20}	10^{20}
18	Zoo	101	16	2	6^{20}	5^{20}	5^{20}	$5^{18}6^{2}$	5^{20}

从表 4.2 中可以看出：在 20 次测试中，两种启发式方法作为确定性算法，每次都能得到完全一致的解，而三种群智能算法常常得到不同的解。总的来说，群智能算法能够得到基数较少的特征子集，优于启发式方法。为了便于比较，针对表 4.2 绘制了图表，如图 4-2 所示。

从表 4.2 和图 4.2 中可以看出：在 10 个数据集（Balance-Scale、Balloon、Breast-Cancer、Car、Monks1、Monks3、Nursery、Shuttle-Loading、Solar-Flare 和 Tic-Tac-Toe）上，五种算法得到完全一致的结果。在剩余的 8 个数据集中，三种群智能方法得到的特征子集平均长度均比启发式方法短，并且 DPPSO 算法与 HSACO 算法得到的特征子集平均长度都较短，相差不大，IDS 算法得到的特征子集平均长度最长，仅在数据集 Splice 上比 HSACO 算法和 DPPSO 算法略强。

下面从三种群智能算法的 20 次测试结果中，分别选择收敛最快的一次即最好情况下的测试结果进行比较。观察在 200 次迭代过程中，它们得到特征子集的变化情况，以此来比较在最好情况下三种群智能算法的收敛速度，具体如图 4.3 所示。

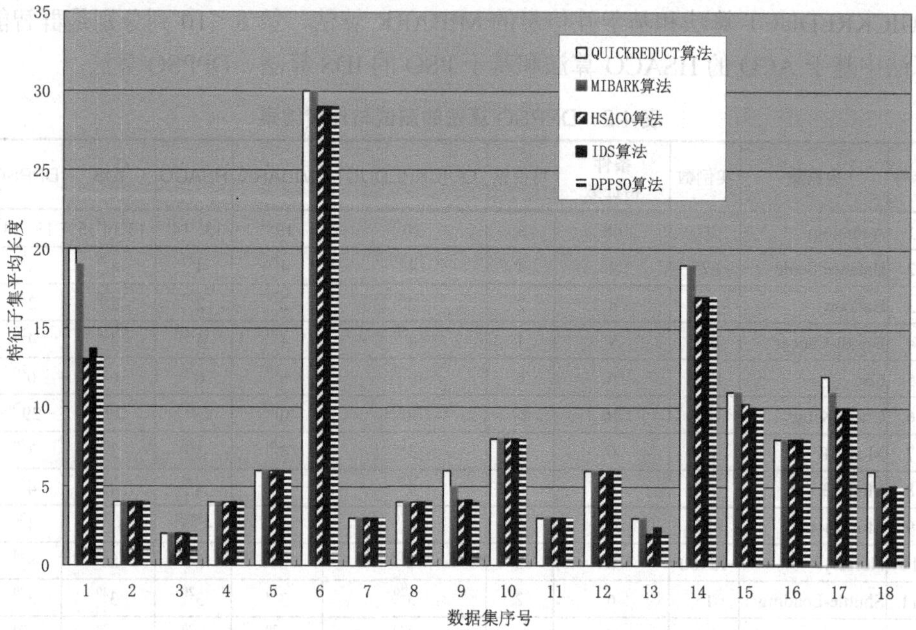

图 4.2　五种算法得到的特征子集平均长度比较

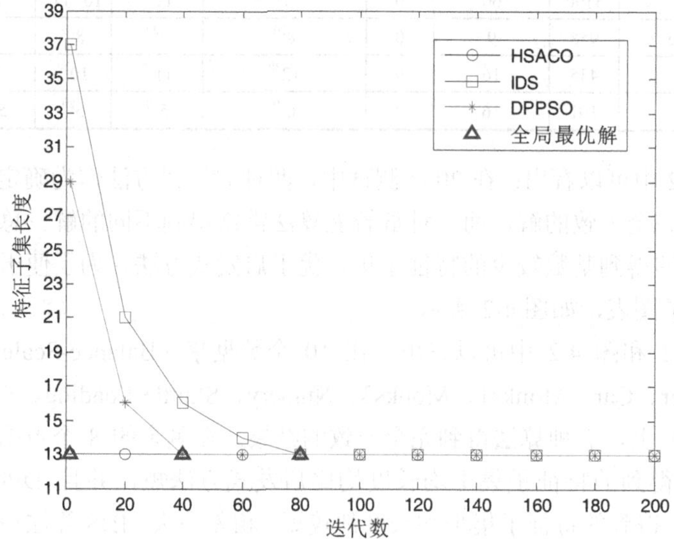

（1）Audiology

图 4.3　三种群智能算法在最好情况下得到特征子集的迭代过程

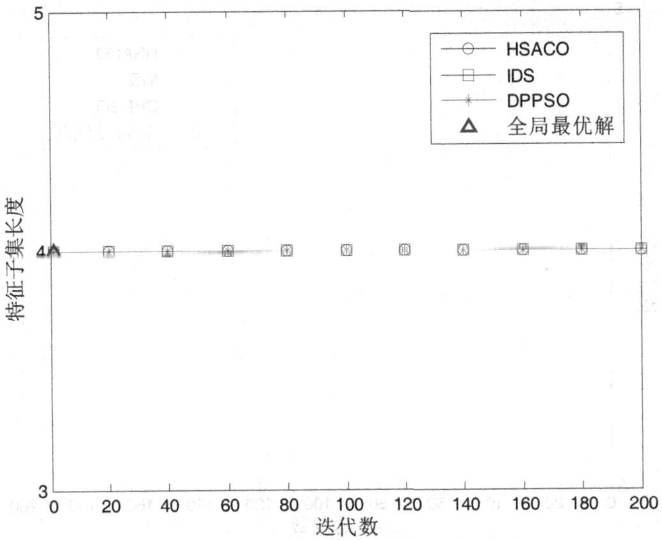

（2）Balance-Scale

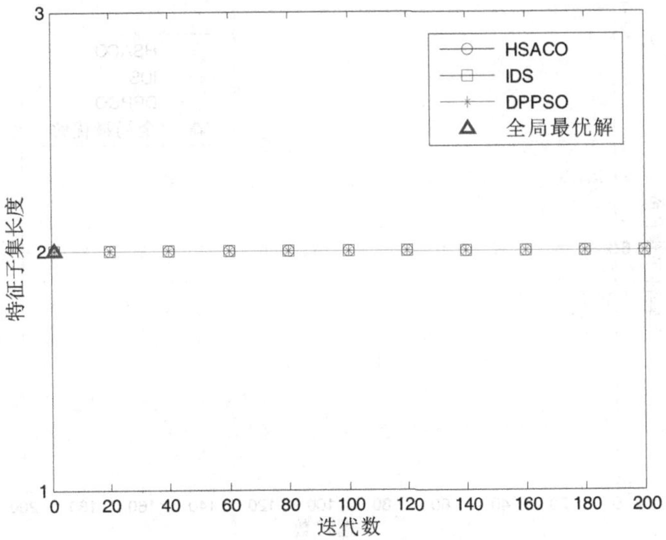

（3）Balloon

图 4.3　三种群智能算法在最好情况下得到特征子集的迭代过程（续图）

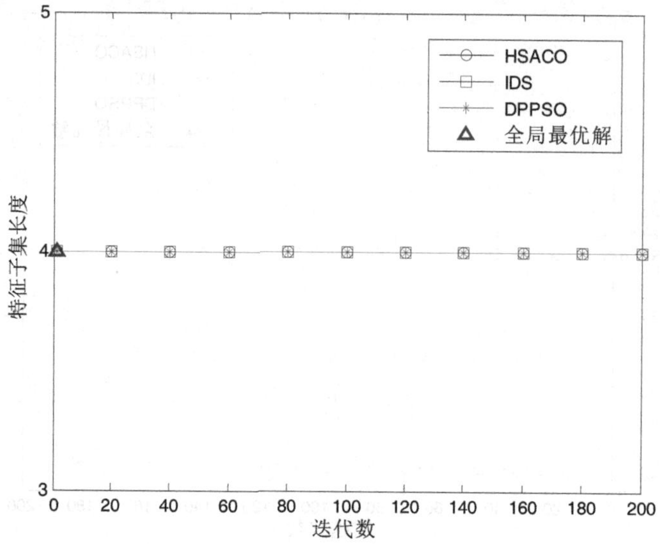

（4）Breast-Cancer

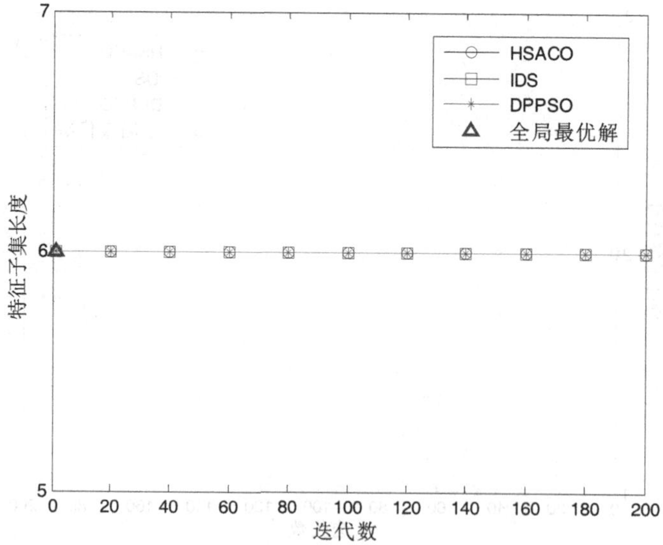

（5）Car

图 4.3　三种群智能算法在最好情况下得到特征子集的迭代过程（续图）

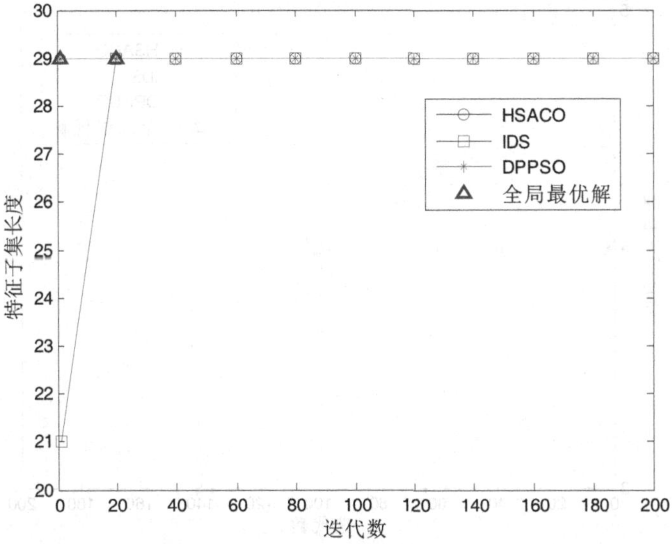

（6）Chess-King

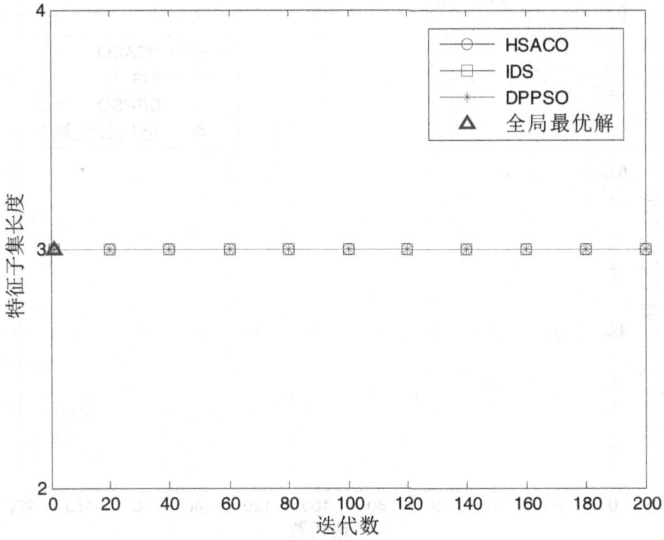

（7）Monks1

图 4.3　三种群智能算法在最好情况下得到特征子集的迭代过程（续图）

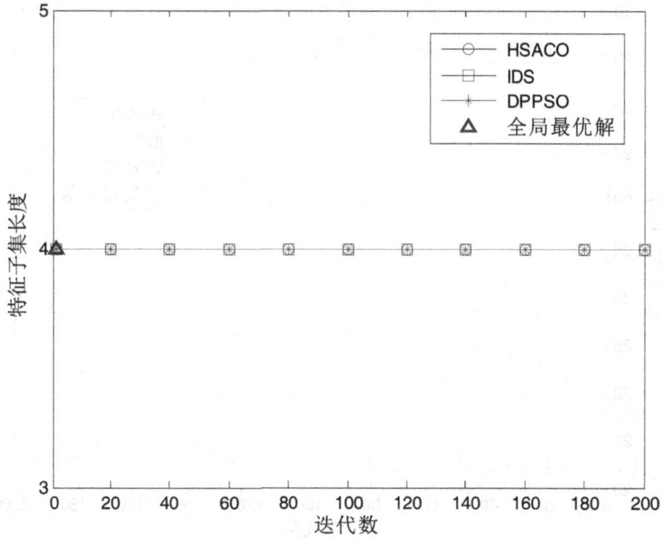

（8）Monks3

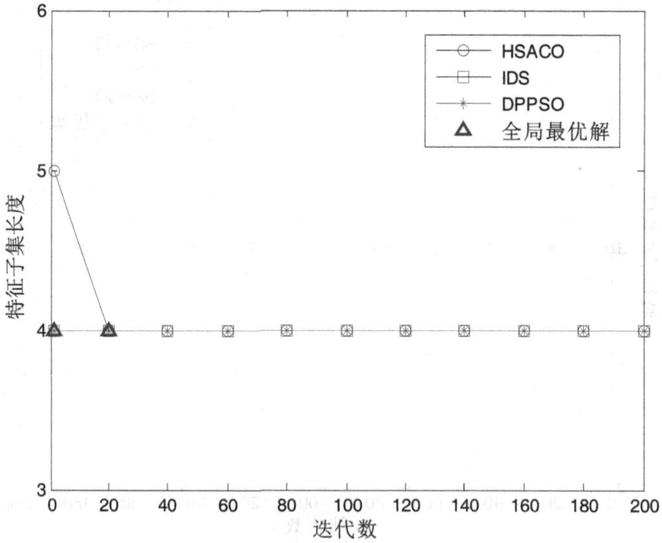

（9）Mushroom

图 4.3　三种群智能算法在最好情况下得到特征子集的迭代过程（续图）

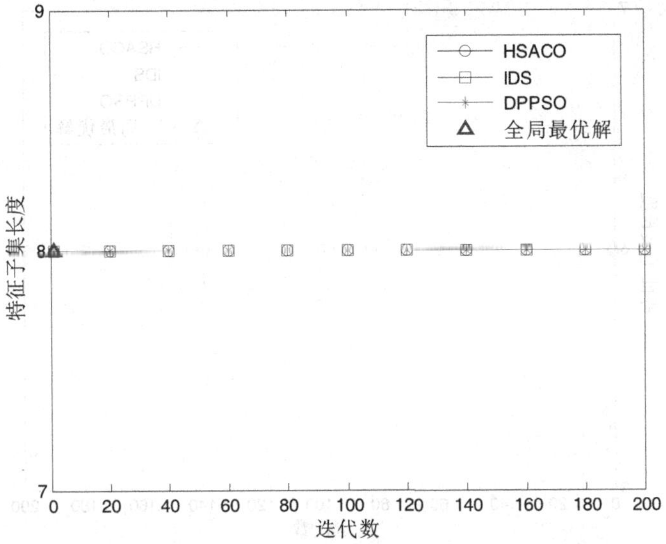

（10）Nursery

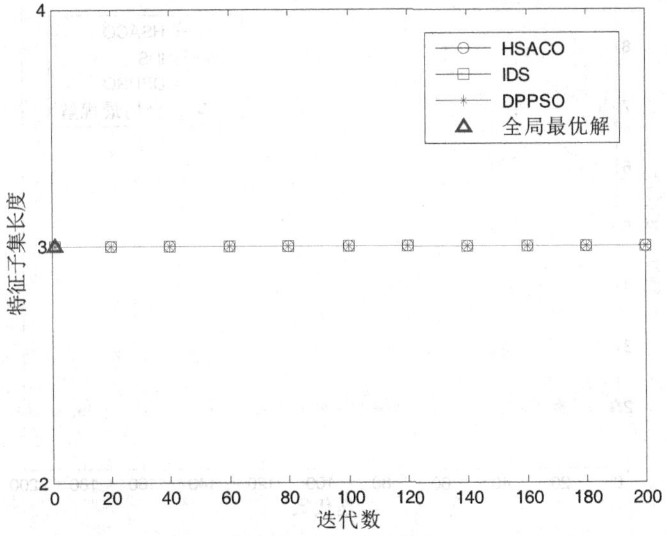

（11）Shuttle-Loading

图 4.3　三种群智能算法在最好情况下得到特征子集的迭代过程（续图）

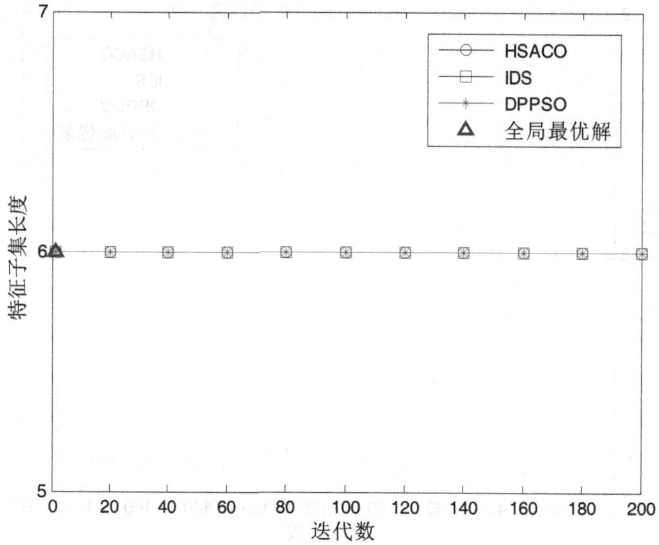

（12）Solar-Flare

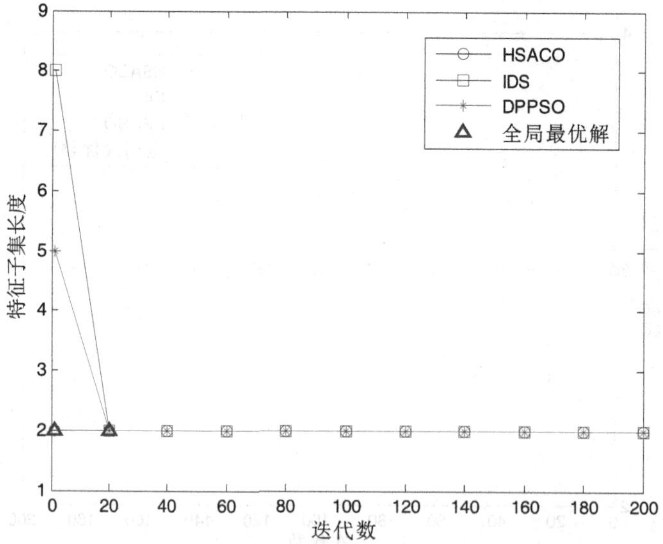

（13）Soybean-Small

图 4.3　三种群智能算法在最好情况下得到特征子集的迭代过程（续图）

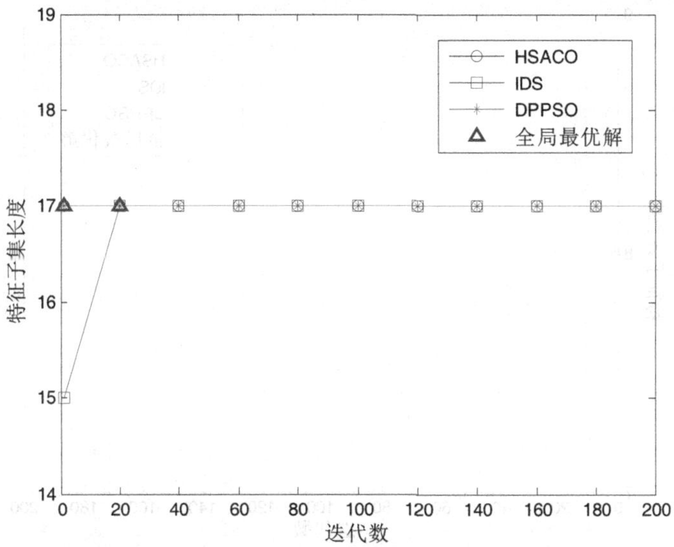

（14）Spect

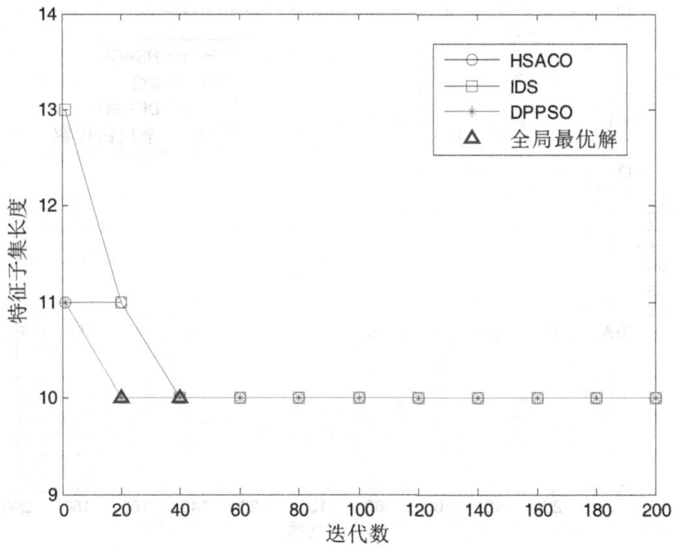

（15）Splice

图 4.3 三种群智能算法在最好情况下得到特征子集的迭代过程（续图）

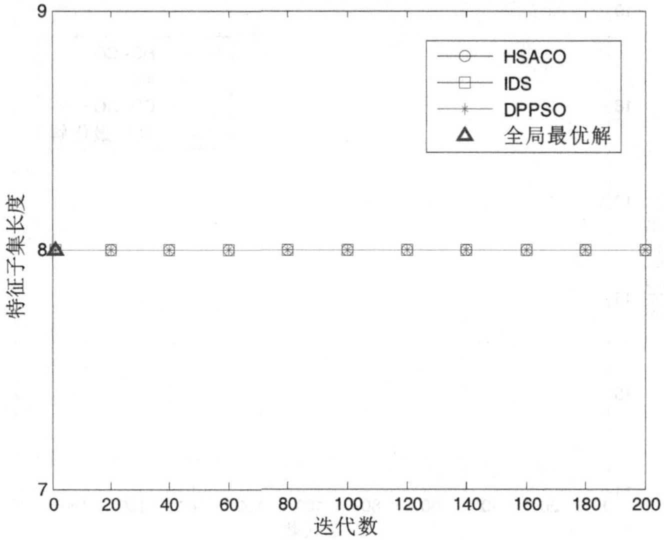

（16）Tic-Tac-Toe

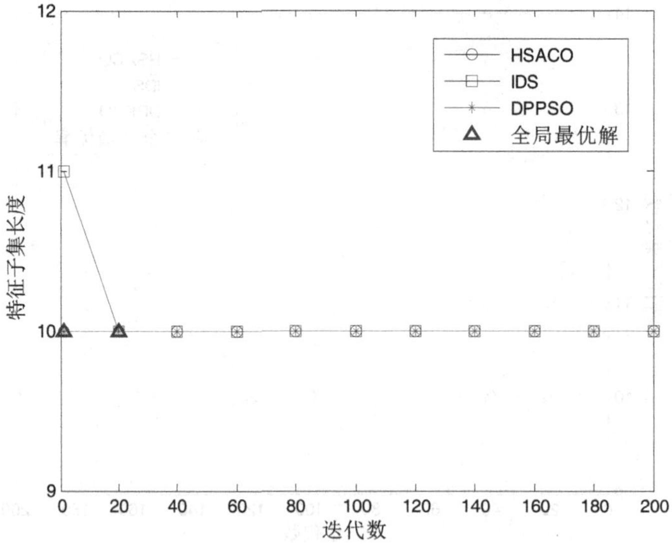

（17）Vote

图 4.3　三种群智能算法在最好情况下得到特征子集的迭代过程（续图）

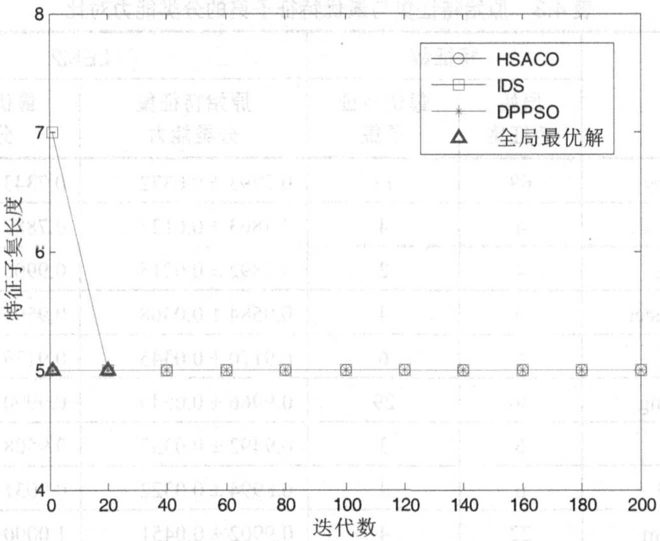

（18）Zoo

图 4.3　三种群智能算法在最好情况下得到特征子集的迭代过程（续图）

从图 4.3 中可以看出：三种群智能算法在 10 个数据集（Balance-Scale、Balloon、Breast-Cancer、Car、Monks1、Monks3、Nursery、Shuttle-Loading、Solar-Flare 和 Tic-Tac-Toe）上的迭代过程完全一致。在剩余 8 个数据集上，HSACO 算法与 DPPSO 算法的收敛速度均很快，难分上下（DPPSO 算法仅在数据集 Audiology 和 Soybean-Small 稍逊于 HSACO 算法）；IDS 算法的收敛速度不及前两种算法，在 7 个数据集上均次于 DPPSO 和 HSACO 算法，仅在数据集 Mushroom 上略强。总体上看，在 18 个数据集上，DPPSO 算法都能得到全局最优解，收敛速度很快。

DPPSO 算法优于 IDS 算法的原因有两个：一方面，DPPSO 算法首先计算粗糙集的特征核，并采用基于特征重要性的贪心策略来初始化种群，得到较优的初始种群，缩小种群搜索的范围，而 IDS 算法则是从随机初始化的种群开始搜索；另一方面，DPPSO 算法采用带动态调整参数的粒子更新策略，不断改变粒子的趋近比例，增加种群多样性，避免陷入局部最优；同时，设置一个跳跃阈值，处理算法后期的停滞现象，跳出局部极值，加快算法收敛，提高算法寻优效率。

为了对 DPPSO 算法所选择的特征子集进行验证，引入流行的 LEM2[248]分类学习算法，以 10 折交叉验证来评价特征子集的分类能力，结果见表 4.3。

从表 4.3 中可以发现：对每一个数据集，DPPSO 算法得到最优特征子集的分类能力都大于原始特征集的分类能力，说明该算法能够消除原始特征集中的噪声，提升分类能力，因此 DPPSO 算法是有效的。

表 4.3　原始特征集与最优特征子集的分类能力对比

数据集	特征数		LEM2	
	原始特征集	最优特征子集	原始特征集分类能力	最优特征子集分类能力
Audiology	68	13	0.7293 ± 0.0372	0.7343 ± 0.0723
Balance-Scale	4	4	0.7863 ± 0.0124	0.7887 ± 0.0054
Balloon	4	2	0.9892 ± 0.0215	0.9906 ± 0.0711
Breast-Cancer	9	4	0.9584 ± 0.0368	0.9591 ± 0.0328
Car	6	6	0.9170 ± 0.0345	0.9179 ± 0.0233
Chess-King	36	29	0.9966 ± 0.0549	0.9990 ± 0.0877
Monks1	6	3	0.9492 ± 0.0337	0.9508 ± 0.0895
Monks3	6	4	0.8994 ± 0.0322	0.9031 ± 0.0546
Mushroom	22	4	0.9902 ± 0.0451	1.0000 ± 0.0000
Nursery	8	8	0.9836 ± 0.0121	0.9849 ± 0.0210
Shuttle-Loading	6	3	0.7634 ± 0.0786	0.7649 ± 0.0111
Solar-Flare	12	6	0.9833 ± 0.0412	0.9843 ± 0.0454
Soybean-Small	35	2	0.9976 ± 0.0231	0.9988 ± 0.0345
Spect	22	17	0.6622 ± 0.0457	0.6681 ± 0.0184
Splice	60	10	0.8752 ± 0.0812	0.8832 ± 0.0145
Tic-Tac-Toe	9	8	0.9994 ± 0.0234	1.0000 ± 0.0000
Vote	16	10	0.9387 ± 0.0165	0.9398 ± 0.0354
Zoo	16	5	0.9512 ± 0.0743	0.9586 ± 0.0172
平均值	19	8	0.9095	0.9126

综上所述，结合 DPPSO 算法得到特征子集的平均长度和收敛速度，以及最优特征子集分类能力，可以得出结论：对于特征选择，DPPSO 算法是有效的，算法性能与 HSACO 算法相同，优于其他三种经典特征选择算法。

4.4　本章小结

本章研究群智能中的代表性算法——PSO 算法，总结其改进措施，在基于群智能和粗糙集特征选择框架的基础上，设计一种基于 PSO 和粗糙集的特征选择算法 DPPSO。算法首先从粗糙集的特征核开始构造解，采用基于特征重要性的贪心策略来初始化种群，得到较优的初始种群，减少搜索的盲目性，保证全局搜索在有效可行解的范围内进行。其次，DPPSO 算法采用一种带动态调整参数的粒子更新策略：利用三个随迭代次数动态调整的参数 C_w，C_p 和 C_g，不断改变粒子的趋近比例，增加种群多样性，避免陷入局部最优。同时，设置一个跳跃阈值，处理算法后期的停滞现象，加快算法收敛，提高算法寻优效率。实验结果表明，DPPSO 算法能够找到最优特征子集，且收敛速度快，算法性能与 HSACO 算法相同，优于其他三种经典特征选择算法。

第 5 章　基于人工蜂群和粗糙集的特征选择方法

5.1　引言

2005 年，Karaboga[27]模拟真实蜜蜂的采蜜行为提出 ABC 算法。研究发现，ABC 算法具有控制参数少、易于实现、计算简洁、鲁棒性强等特点，应用前景广阔。在短短几年时间里，ABC 算法得到飞速发展，已经取得一定的成果。

众多研究者围绕初始解、选择策略和解的更新公式等方面进行改进，并提出许多不同版本的 ABC 算法，将其由最初的函数优化扩展到许多其他领域；同时研究控制参数对 ABC 算法性能的影响，并提出一些新的策略；另外，有一些学者还将 ABC 算法与其他算法融合形成混合算法。然而，目前 ABC 算法在粗糙集特征选择方面的应用还很少。

本书通过研究群智能中的代表性算法——ABC 算法，总结其改进措施。在基于群智能和粗糙集特征选择框架的基础上，设计一种基于 ABC 和粗糙集的特征选择算法 NDABC[250]。算法从粗糙集的特征核开始构造解，通过反向学习得到较优的初始种群；然后提出三种不同的邻域搜索策略，通过参数选取分析和测试比较，最终采用基于单点变异的邻域搜索策略产生新解；同时采用禁忌搜索避免陷入局部最优。NDABC 算法在问题空间有很强的搜索能力，能够找到最优特征子集，且所需参数较少，与前两章提出的 HSACO 算法和 DPPSO 算法相比具有一定的优势。

5.2　基于人工蜂群和粗糙集的特征选择算法 NDABC

5.2.1　算法思想

NDABC 算法的基本思想是将粗糙集、ABC 算法、反向学习和禁忌搜索等思想进行融合，在给定的迭代次数内搜索最优特征子集。

首先，算法从粗糙集的特征核开始构造解，通过反向学习得到较优的初始种群，减少搜索的盲目性，同时引入粗糙集中基于分类能力和特征子集长度的适应值函数，来指导蜂群搜索最优解，保证全局搜索在有效可行解的范围内进行。

其次，在 NDABC 算法中，新解的产生即邻域搜索策略是至关重要的。本书提出三种邻域搜索策略：基于单点变异的邻域搜索策略（Single-Point Mutation Based Neighborhood Search，SMNS）、基于渐变与突变的邻域搜索策略（Gradual and Sudden Change Based Neighborhood Search，GSNS）和基于 *Pbest* 和 *Gbest* 的邻域搜索策略（*Gbest* and *Pbest* Based Neighborhood Search，GPNS）。通过实验比较，从中选出基于单点变异的邻域搜索策略 SMNS 来构建新解。

同时，NDABC 算法对雇佣蜂执行禁忌搜索。设置一定长度的禁忌表，表中存储一些雇佣蜂优化 *limit* 次却没有得到改进的解，可以避免算法陷入局部最优，降低算法时间复杂度，提高算法寻优效率。

下面具体进行描述。

5.2.2 解的表达和种群初始化

设数据集的条件特征数为 N，则可用一个 N 位二进制位串表示一个解。例如：二进制位串“00101000”表示数据集的条件特征数为 8，当前选择数据集的第 3 和第 5 个特征，也就是说，取“1”的位表示选择该特征，取“0”则不选，那么当前的特征子集为{3,5}。

初始化种群前，可先求出特征核（*CORE*）。种群初始化时，所有特征核中的特征所在二进制位均置“1”，且算法整个执行过程中保持不变。也就是说，人工蜂群的搜索是以特征核为中心的，减少了盲目性，可以加快算法的收敛。

种群初始化时，首先根据式（5.1）随机产生 N_s 个可行解 $X_i=(x_{i1},x_{i2},\cdots,x_{iN})$，根据如下公式计算 x_{ij}[250]：

$$x_{ij}=\begin{cases}1, & \text{rand}()>0.5\\ 0, & \text{否则}\end{cases} \tag{5.1}$$

式中，$i\in\{1,2,\cdots,N_s\}$ 且 $j\in\{1,2,\cdots,N\}$。若 $j\in CORE$，则 $x_{ij}=1$，且在整个迭代过程中保持一致。例如：令 $N=5$，若 $CORE=\{3\}$，则 $x_{i1},x_{i2},x_{i4},x_{i5}\in\{0,1\}$，$x_{i3}=1$。

5.2.3 反向学习

反向学习的概念最早由 Tizhoosh[251]提出。他认为，最坏情况下，算法迭代过程中所得到的最优解，可能就在搜索空间中当前位置的相反位置。下面给出反向学习中的一些定义，具体见文献[252]。

定义 5.1（反向数字）[252] 若 $x\in[a,b]$ 且 $x\in R$，其反向数字 x^* 为

$$x^*=a+b-x \tag{5.2}$$

类似的可以将反向数字的定义推广到高维空间上，则得到反向点的定义。

定义 5.2（反向点）[252] 若 $P=(x_1,x_2,\cdots,x_D)$ 是 D 维空间上一个点，且

$x_1, x_2, \cdots, x_D \in R$，$x_j \in [a_j, b_j]$，$P$ 所对应的反向点 $P^* = (x_1^*, x_2^*, \cdots, x_D^*)$ 为

$$x_j^* = a_j + b_j - x_j \tag{5.3}$$

定义 5.3（基于反向的优化）[252] 若 $P = (x_1, x_2, \cdots, x_D)$ 是 D 维空间上的一个点（可看作为候选解）。假设 $f(\cdot)$ 是计算候选解的适应值函数，根据反向点的定义，可以得到 P 的反向点 $P^* = (x_1^*, x_2^*, \cdots, x_D^*)$。如果 $f(P^*) \geqslant f(P)$，则将 P^* 替换 P。

下面介绍反向学习在 ABC 算法中的应用。

（1）基于反向的 ABC 算法。目前，反向学习的概念已成功运用于差分演化算法[252]和 PSO 算法[253]中。在此基础上，El-Abd[254]提出基于反向学习的 ABC 算法（Opposition-Based Artificial Bee Colony，OABC），但其仅限于解决函数优化问题。

OABC 算法包括两个主要步骤：

步骤 1：基于反向的种群初始化。OABC 算法首先产生 N_s 个初始个体，再通过反向学习生成 N_s 个对应的反向个体，然后从所有个体中选择 N_s 个最优个体构成初始种群。

步骤 2：基于反向的种群跳跃。首先设置一个跳转率，当蜂群完成个体更新时依此决定是否需要进行反向优化选择。若需要，则计算反向个体时使用当前变量范围，促使蜂群快速逼近最优解。

（2）NDABC 算法中的反向学习。针对特征选择问题，本书将基于反向的种群初始化应用于 NDABC 算法中。首先产生初始个体，然后应用反向学习策略产生其反向个体，再从所有个体中优选出 50%组成初始种群，这些高质量的解将有助于加快收敛。

种群初始化时，首先根据式（5.1）随机产生 N_s 个可行解，然后再由每个可行解 $X_i = (x_{i1}, x_{i2}, \cdots, x_{iN})$，根据式（5.4）产生对应的反向解 $X_i^* = (x_{i1}^*, x_{i2}^*, \cdots, x_{iN}^*)$，根据如下公式计算 x_{ij}^*[255]：

$$x_{ij}^* = \begin{cases} 1 - x_{ij}, & j \notin CORE \\ x_{ij}, & j \in CORE \end{cases} \tag{5.4}$$

最后对所有个体进行评价，从中选择 N_s 个最优的个体构成初始种群。

5.2.4 适应值函数及转移概率

特征选择的目的是在保持原始数据集分类能力不变的前提下，选择具有最少基数的特征子集。为了促进特征子集朝着最短、最优的方向发展，采用如下适应值函数[249]：

$$fit(R)=\alpha\cdot\frac{I(R;D)}{I(C;D)}+(1-\alpha)\cdot\frac{|C|-|R|}{|C|} \tag{5.5}$$

式中，$|R|$为特征子集 R 的基数即 R 所对应的二进制位串中“1”的个数；$|C|$为条件特征集 C 的基数即 C 所对应的二进制位串中“1”的个数；$I(R;D)$ 为特征子集 R 和决策特征集 D 之间的互信息；$I(C;D)$ 为条件特征集 C 和决策特征集 D 之间的互信息，如果 $I(R;D)=I(C;D)$，那么表明特征子集 R 和条件特征集 C 具有相同的分类能力。参数 α 表示特征子集 R 的分类能力的重要性，$1-\alpha$ 表示特征子集 R 的基数的重要性，且 $\alpha\in[0,1]$。

NDABC 算法中，跟随蜂选择雇佣蜂的转移概率为

$$p_i=\frac{fit(X_i)}{\sum_{n=1}^{N_S}fit(X_n)} \tag{5.6}$$

式中，$fit(X_i)$ 为第 i 个解 X_i 的适应值。解 X_i 的适应值越大，说明其对应的蜜源越丰富，跟随蜂选择该蜜源的概率就越大。

5.2.5　邻域搜索策略

下面讨论三种不同的邻域搜索策略，并进行比较与分析。

5.2.5.1　基于单点变异的邻域搜索策略

雇佣蜂和跟随蜂都可以通过邻域搜索产生新解，具体来讲，它们在当前蜜源 $X_i=(x_{i1},x_{i2},\cdots,x_{iN})$ 附近，利用公式（5.7）进行邻域搜索，可以得到一个新的蜜源 $V_i=(v_{i1},v_{i2},\cdots,v_{iN})$，根据如下公式计算 v_{ij} [250]：

$$v_{ij}=\begin{cases}x_{ij}, & j\neq k\\ 1-x_{ij}, & j=k\end{cases} \tag{5.7}$$

式中，$i\in\{1,2,\cdots,N_s\}$，$j\in\{1,2,\cdots,N\}$，k 为 1～N 之间的随机整数且 $k\notin CORE$。例如：令 N=5，X_i =01100，$j\in\{1,2,3,4,5\}$，$CORE$={3}，则 $k\in\{1,2,4,5\}$。若 k=2，则 V_i=00100。

基于单点变异的邻域搜索，是从条件特征中随机选择一位进行单点变异，具有很大的随机性。若此时当前解接近全局最优解，采用单点变异可以逐渐向全局最优解逼近，反之则不尽然，所以基于单点变异的邻域搜索适合快速收敛的算法，具有一定的局限性，需要进一步讨论邻域搜索的策略。

5.2.5.2　基于渐变与突变机制的邻域搜索策略

渐变与突变机制同时存在于生物进化过程中，可将其思想引入蜂群搜索过程。首先设置一个适应值阈值 f_0，然后计算个体的适应值并依据其大小对个体进行划

分：适应值大于阈值 f_0 的个体称为渐变个体，小于 f_0 的个体称为突变个体，并对它们进行不同的邻域搜索，称为基于渐变与突变机制的邻域搜索。在蜂群的搜索过程中，要求得到的特征子集满足适应值最大化。因此，适应值大于阈值 f_0 的渐变个体，可能正在逐渐接近全局最优解，那么邻域搜索的步伐就不能太大，应该使个体改变较小，保证个体以较大概率逼近全局最优解；而对于适应值小于阈值 f_0 的突变个体，它们离全局最优解还存在一定距离，因此，邻域搜索的步伐不能太小，应该使个体改变较大，不断产生新的个体，使种群保持多样性，避免陷入局部最优。

对于渐变个体 X_i 的邻域搜索，根据式（5.7），采用单点变异产生新个体 V_i；而对于突变个体 X_i 的邻域搜索，则根据式（5.8），采用完全变异产生新个体 $V_i=(v_{i1},v_{i2},\cdots,v_{iN})$，根据如下公式计算 v_{ij}[255]：

$$v_{ij}=\begin{cases}1-x_{ij}, & j\notin CORE\\ x_{ij}, & j\in CORE\end{cases} \tag{5.8}$$

使用基于渐变与突变的邻域搜索策略，渐变个体和突变个体采用不同的变异方法得到新解，不断向最优解逼近，不仅保证了种群的多样性，而且可以避免个体早熟使算法陷入局部极值。

5.2.5.3　基于 *Gbest* 与 *Pbest* 的邻域搜索策略

1995 年，Kennedy 等[26]提出 PSO 算法。PSO 算法将优化问题的每个可行解，称为一个“粒子”，即在搜索空间中的一只鸟，然后通过模拟鸟群的捕食行为来寻找问题的最优解。

鸟群在最开始的时候，每只鸟是随机飞行的。随着时间的推移，鸟开始不断地调整自己的飞行速度和位置。它们利用两种不同的信息来进行调整：一种是自身的信息；另一种是其他鸟的信息。

PSO 算法也是如此，每个粒子飞翔的方向和距离由其速度来决定。PSO 算法首先进行初始化，得到一群随机的粒子，然后算法迭代，粒子 i 在每一次迭代中，都要根据个体极值 *Pbest* 和全局极值 *Gbest* 来不断更新自己的速度和位置。

Yuan 和 Chu 针对特征选择提出一个 DPSO 算法[256]。在此基础上，本书修改该方法并应用到 ABC 算法中。首先，产生两个[0,1]之间的随机数 *rand*1 和 *rand2*，然后第 i 个蜜蜂在当前蜜源（或解）$X_i=(x_{i1},x_{i2},\cdots,x_{iN})$ 附近，利用邻域搜索得到一个新的蜜源（或解）$V_i=(v_{i1},v_{i2},\cdots,v_{iN})$，根据如下公式计算 v_{ij}[249]：

$$v_{ij}=\begin{cases}\mathrm{rand}(x_{ij}), & rand1<\gamma\\ x_{ij}, & 0\leqslant rand2<C_p\\ pbest_{ij}, & C_p\leqslant rand2<C_g\\ gbest_j, & C_g\leqslant rand2<1\end{cases}\tag{5.9}$$

式中，γ、C_p 和 C_g 是可调整的参数，需要预先设定。$i\in\{1,2,\cdots,N_s\}$，N_s 是种群的大小，$j\subset\{1,2,\cdots,N\}$，N 是条件特征数。$Pbest_i=(pbest_{i1},pbest_{i2},\cdots,pbest_{iN})$ 是第 i 个蜜蜂的个体极值，$Gbest=(gbest_1,gbest_2,\cdots,gbest_N)$ 是整个蜂群的全局极值，$\mathrm{rand}(x_{ij})$ 表示 x_{ij} 被随机指定为“0”或“1”。

在式（5.9）中，参数 γ 起到一个平衡作用。算法刚开始时，让 γ 取较大值，使粒子易于在整个解空间内进行搜索，避免在局部极值附近徘徊。随着蜂群的演化，γ 的值将不断变小，从而保持算法的稳定和收敛速度。同时，C_p 和 C_g 负责调整原始值 x_{ij} 与两个历史值 *Pbest* 和 *Gbest* 之间的比率。

基于 *Gbest* 和 *Pbest* 的邻域搜索，根据 PSO 算法中的历史信息（个体极值 *Pbest* 和全局极值 *Gbest*），在迭代中依据概率不断调整新解，从而灵活地搜索解空间，避免陷入局部最优，保持算法的收敛速度和稳定性。在后续的实验中，将分别测试三种邻域搜索策略，并进行比较与分析。

5.2.6 禁忌搜索

在基本 ABC 算法中，雇佣蜂如果在设定的优化次数 *limit* 内，没有获得更好的蜜源，便放弃该蜜源，同时雇佣蜂转变为侦察蜂，并随机搜索可行的新蜜源。参数 *limit* 可控制侦察蜂产生的频率，增加种群多样性，在一定程度上避免算法陷入局部最优。但是，这种机制也有一定的局限性。在 ABC 算法后期，如果某些解已经逼近局部最优解，仅依靠侦察蜂产生的随机解也可能无法改变算法最终陷入局部最优的困境。

禁忌搜索是一种模拟人类智力过程的全局寻优算法，最早由 Glover[257]提出，是对局部邻域搜索的扩展。禁忌搜索算法采用一些机制来避免重复搜索，如禁忌表存储结构的设置、禁忌准则的制定等，从而保证全局优化的最终实现。目前，禁忌搜索算法已经在很多领域取得了成功的应用，组合优化是禁忌搜索算法应用最多的领域。

在 NDABC 算法中，对雇佣蜂采用禁忌搜索，具体流程如图 5.1 所示。

从图 5.1 中可知：首先，要设置一定长度的禁忌表，用于存储雇佣蜂的一部分解。在初始时刻，该禁忌表为空。每次迭代开始时，对雇佣蜂执行禁忌搜索：当雇佣蜂对同一个解的优化次数超过阈值 *limit* 时，将该解写入禁忌表中，然后雇佣蜂转变为侦察蜂，继续执行算法；若雇佣蜂虽然对同一个解的优化次数没有超过 *limit*，但该解已在禁忌表中，此时雇佣蜂也要转变为侦察蜂，继续执行算法；若雇佣蜂对同一个解的优化次数没有超过 *limit*，并且该解也不在禁忌表中，此时雇佣蜂不发生角色转变，继续执行算法。以上措施，可以防止雇佣蜂第二次访问同一个局部最优解，从而使算法避免在重复搜索上花费时间，加快收敛速度，跳出局部最优，提升寻优效率。

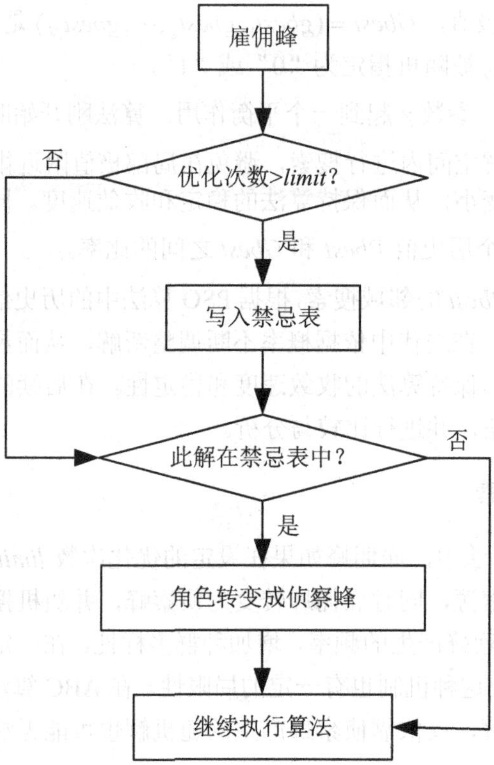

图 5.1　禁忌搜索在 NDABC 中的应用

5.2.7　算法描述

通过上述介绍，了解到 NDABC 算法是将粗糙集、反向学习、ABC 算法和禁忌搜索等思想进行融合得到的。首先，利用粗糙集的知识产生特征核，然后利用反向学习的思想产生反向种群，对所有个体进行评价后，选择较优的个体组成初始种群；然后在指定的迭代次数内，重复执行下列操作：对雇佣蜂执行禁忌搜索，并采用邻域搜索策略进行邻域搜索产生新解；跟随蜂按照转移概率选择雇佣蜂的解，并执行上述的邻域搜索；侦察蜂则根据情况来产生随机解。如此重复，直至达到指定的迭代次数，算法终止，输出全局最优解即最优特征子集。具体算法描述如下：

NDABC 算法[250]

输入： 决策表 $DT=(U,C\cup D)$ 和相关参数。 **输出：** 最优特征子集 $REDU$。
Step1：计算特征核，记为 $CORE$。 Step1.1：$CORE=\varnothing$。 Step1.2：对每一个 $a\in C$，若 $I(C-\{a\};D)<I(C;D)$，则 $CORE=CORE\cup\{a\}$。 Step1.3：若 $I(CORE;D)=I(C;D)$，则 $REDU=CORE$，转 Step6；否则，转 Step2。 Step2：根据式（5.1）初始化种群。 Step3：根据式（5.4）产生反向个体。 Step4：根据式（5.5）评价所有个体，选出 N_s 个适应值最优的个体组成初始种群。 Step5：在指定的迭代次数内，重复执行： Step5.1：雇佣蜂 X_i 执行禁忌搜索，然后根据邻域搜索策略产生新解 V_i 进行评价。 Step5.2：雇佣蜂进行贪婪选择。 Step5.3：根据式（5.6）对 X_i 计算转移概率 p_i。 Step5.4：跟随蜂依据转移概率采用轮盘赌方式选择雇佣蜂 X_i，然后根据邻域搜索策略产生新解 V_i 进行评价。 Step5.5：跟随蜂进行贪婪选择。 Step5.6：雇佣蜂若优化 *limit* 次，解没有改进，则放弃，雇佣蜂转变为侦察蜂，并根据式（5.1）随机产生一个新解，然后更新禁忌表。 Step5.7：记录当前最优解 R。 Step6：输出全局最优解 $REDU$。

5.3 对比试验及结果分析

5.3.1 实验环境

NDABC 算法采用 Matlab 2013a 工具实现，并运行在个人计算机上，配置 i5-3470 CPU，8GB 内存，操作系统是 64 位 Windows 7。

实验数据采用和前两章完全一致的 18 个离散数据集，各数据集的处理情况均和前两章完全一致，故不再赘述。

5.3.2 参数选取与分析

ABC 算法中的人工蜂群之所以能从大量杂乱无章的候选特征子集中找到一个基数最少的最优特征子集，是因为蜜蜂之间进行信息交流和相互协作的结果。雇佣蜂保持当前最优解、跟随蜂选择较优解都形成了信息正反馈，最终达到寻优的目的。因此，ABC 算法中一些参数的选择对算法的性能具有一定的影响。

从前面的论述中，可以知道，虽然 NDABC 算法所需参数较少，但它们直接影响着算法性能和收敛速度。因为目前参数的最优组合方法尚没有完善的理论依据，所以需要根据大量的实验进行分析得到。

针对 NDABC 算法中的邻域搜索问题，提出三种不同策略：基于单点变异的邻域搜索策略、基于渐变与突变机制的邻域搜索策略和基于 *Gbest* 与 *Pbest* 的邻域搜索策略。这三种策略都需要选择一定的可调参数，见表 5.1。

表 5.1 三种邻域搜索策略所需参数

邻域搜索策略	种群大小 P	控制参数 $limit$	分类能力因子 α	阈值 f_0	γ	C_p	C_g
基于单点变异（SMNS）	√	√	√				
基于渐变与突变机制（GSNS）	√	√	√	√			
基于 *Gbest* 与 *Pbest*（GPNS）	√	√	√		√	√	√

从表 5.1 中可以看出，基于单点变异的邻域搜索策略（SMNS）需要 3 个参数，所需参数最少；基于渐变与突变机制的邻域搜索策略（GSNS）需要 4 个参数；基于 *Gbest* 与 *Pbest* 的邻域搜索策略（GPNS）需要 6 个参数，所需参数最多。而且这三种邻域搜索策略均需要 3 个共同参数：种群大小 P、控制参数 $limit$ 和分类能力重要因子 α，故应先从基于单点变异的邻域搜索策略着手。

为此，从 18 个离散数据集中选取条件特征数较多的 Audiology 数据集作为测试数据集，来进行下面的实验，该数据集条件特征数为 68，其最优特征子集的基数为 13。

5.3.2.1 基于单点变异的邻域搜索策略参数分析

本策略除设定的算法最大迭代数 MCN=200 外，还需要 3 个参数：种群大小 P、控制参数 $limit$ 和分类能力重要因子 α。

（1）种群大小 P 的选择。为了考察种群大小 P 的选择对算法性能的影响，首先固定另外 2 个参数的值，令 $limit$=3，α=0.9，然后不断调整种群大小 P 的值，使其从 10 不断递增到 100。实验对比结果见表 5.2，其对应的图形如图 5.2 所示。

表 5.2　种群大小 P 对算法性能的影响

种群大小 P	10	20	30	40	50	60	70	80	90	100
特征子集平均长度	14.2	14.25	13.6	13.6	13.5	13.6	13.55	13.52	13.6	13.53
算法平均迭代次数	61.9	52.55	67.3	63.55	49	63.6	67.65	86.4	94	92.3

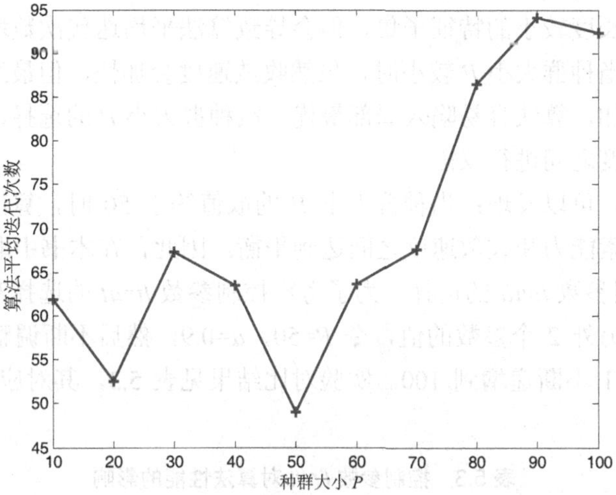

(a)

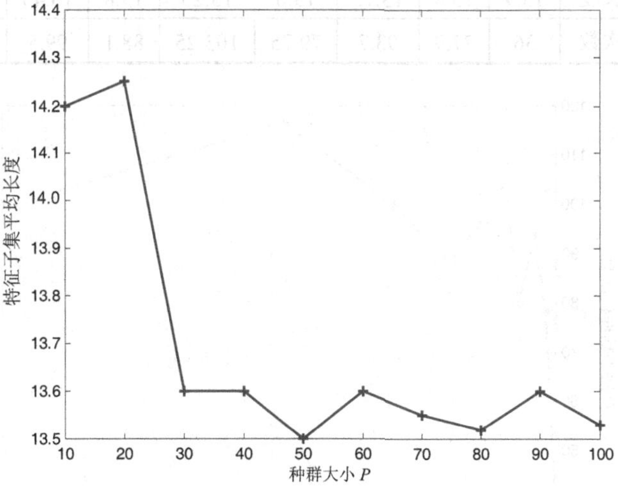

(b)

图 5.2　种群大小 P 对算法性能的影响

在 NDABC 算法中，种群是由具有相同数量的雇佣蜂和跟随蜂组成的。雇佣蜂具有保持当前最优解的能力，跟随蜂则能在雇佣蜂当前最优解的邻域内寻找更优解，两种蜜蜂是 ABC 算法收敛的主要原因。所以当种群取值较大时，由于雇佣蜂在开始阶段就有较强存储当前最优解的能力，随机性弱；而当种群取值较小时，又会抑制系统的收敛性。

从表 5.2 和图 5.2 中可以看到：种群大小 *P* 的选择关系到 NDABC 的算法性能和收敛速度。当种群大小 *P* 较大时，虽然可以提高算法的随机性能和全局搜索能力，得到平均长度较小的特征子集，但会导致算法平均迭代次数增加，收敛速度降低；反之，当种群大小 *P* 较小时，虽然收敛速度会加快，但最终得到的特征子集平均长度增加，算法容易陷入局部最优。故种群大小 *P* 的选择，要在全局搜索能力和收敛速度之间进行权衡。

综合考虑，可以发现：当种群大小 *P* 的取值等于 50 时，算法的性能一致且稳定，全局搜索能力和收敛速度之间达到平衡。因此，在本书中取 *P*=50。

（2）控制参数 *limit* 的选择。为了考察控制参数 *limit* 的选择对算法性能的影响，首先固定另外 2 个参数的值，令 *P*=50，α=0.9，然后不断调整控制参数 *limit* 的值，使其从 1 不断递增到 100。实验对比结果见表 5.3，其对应的图形如图 5.3 所示。

表 5.3　控制参数 *limit* 对算法性能的影响

控制参数 *limit*	1	3	5	8	10	20	30	50	100
特征子集平均长度	13.9	13.8	13.75	13.6	13.25	13.8	13.45	13.45	13.9
算法平均迭代次数	36	77.9	93.7	79.75	103.25	88.1	99.5	116.35	98.75

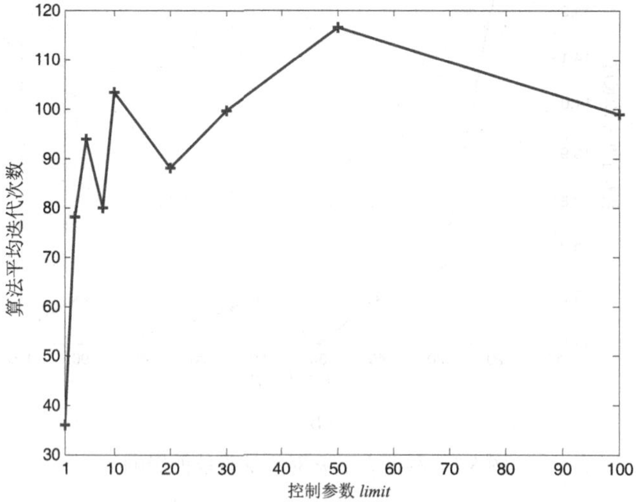

（a）

图 5.3　控制参数 *limit* 对算法性能的影响

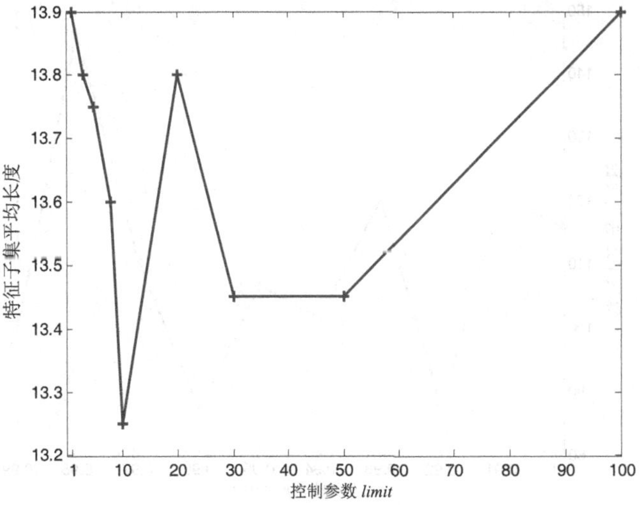

（b）

图 5.3 控制参数 *limit* 对算法性能的影响（续图）

当雇佣蜂的解优化 *limit* 次而没有得到改进时，雇佣蜂的当前解将被强制丢弃，该雇佣蜂转变为侦察蜂。侦察蜂有随机搜索新蜜源（解）的作用，其数量太大时，虽然能够引入较多新的个体，但使得算法性能近似于随机搜索算法，收敛速度降低；若其数量太小，则蜂群获取新蜜源和抑制早熟的能力就会变差。因而，*limit* 的取值应兼顾加快收敛速度和跳出局部最优两个方面。

从表 5.3 和图 5.3 可以看到：控制参数 *limit* 的选择关系到 NDABC 算法的性能和收敛速度。当 *limit* 较大或较小时，算法平均迭代次数存在一定的波动，算法得到的特征子集平均长度增加，算法容易陷入局部最优。可以发现：当 *limit*=10 时，算法得到的特征子集平均长度最小，算法平均迭代次数居中，比较平稳。因此，综合考虑可设置为 *limit*=10。

（3）分类能力重要因子 α 的选择

为了考察分类能力重要因子 α 的选择对算法性能的影响，首先固定另外 2 个参数的值，令 *P*=50，*limit*=10，然后不断调整分类能力重要因子 α 的值，使其从 0.9 不断递增到 0.99。实验对比结果见表 5.4，其对应的图形如图 5.4 所示。

表 5.4 分类能力重要因子 α 对算法性能的影响

分类能力重要因子 α	0.9	0.91	0.92	0.93	0.94	0.95	0.96	0.97	0.98	0.99
特征子集平均长度	13.35	13.1	13.4	13.35	13.45	13.45	13.65	13.6	13.5	13.5
算法平均迭代次数	115.65	120.85	87.6	120	101.5	106.6	86.9	110.75	146.65	99.85

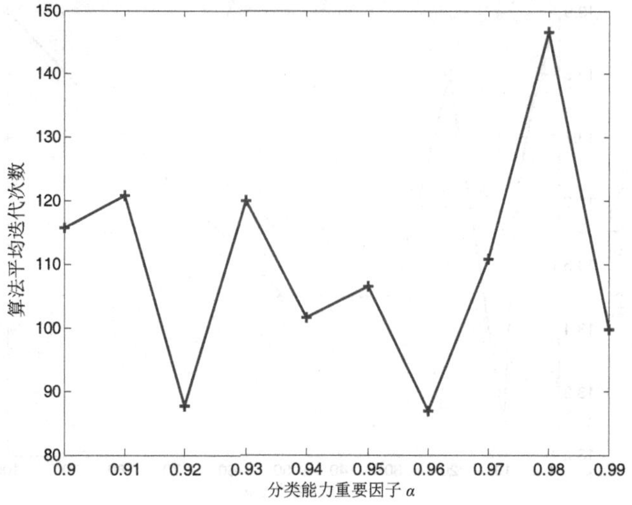

(a)

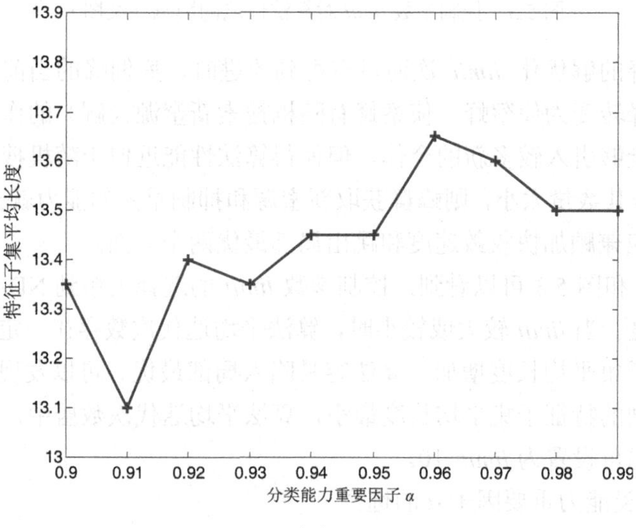

(b)

图 5.4　分类能力重要因子 α 对算法性能的影响

从表 5.4 和图 5.4 中可以看出：随着分类能力重要因子 α 的增大，分类能力对适应值的影响增大，算法得到的特征子集平均长度增大，而其对算法平均迭代次数的影响不明显。可以发现：当分类能力重要因子 α=0.91 时，算法得到的特征子集平均长度最小，算法平均迭代次数居中，比较平稳。因此，在本书中取 α=0.91。

5.3.2.2　基于渐变与突变的邻域搜索策略参数分析

本策略在基于单点变异的邻域搜索策略 SMNS 所需的 3 个参数基础上，增加了一个参数：阈值 f_0。

为了考察阈值 f_0 的选择对算法性能的影响，首先固定另外 3 个参数的值，令 P=50，$limit$=10，α=0.91，然后不断调整阈值 f_0 的值，使其从 0.1 不断递增到 0.9。实验对比结果见表 5.5，其对应的图形如图 5.5 所示。

表 5.5　阈值 f_0 对算法性能的影响

阈值 f_0	0.1	0.2	0.3	0.4	0.5	0.6	0.7	0.8	0.9
特征子集平均长度	13.5	13.5	13.35	13.4	13.25	13.55	13.45	13.55	13.6
算法平均迭代次数	79.2	84.2	74.5	65.55	64.2	70.05	69.45	65.65	73.05

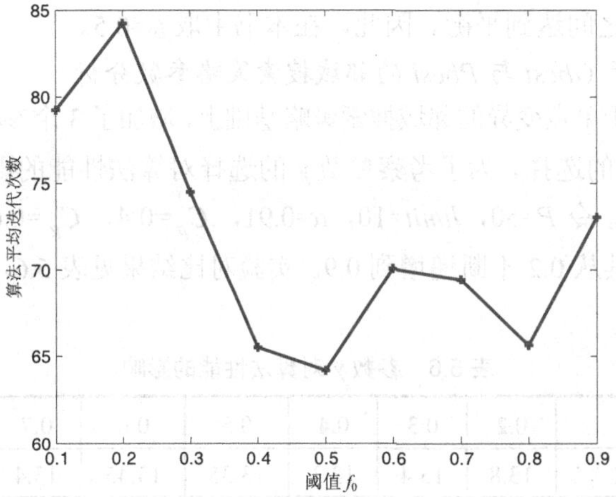

(a)

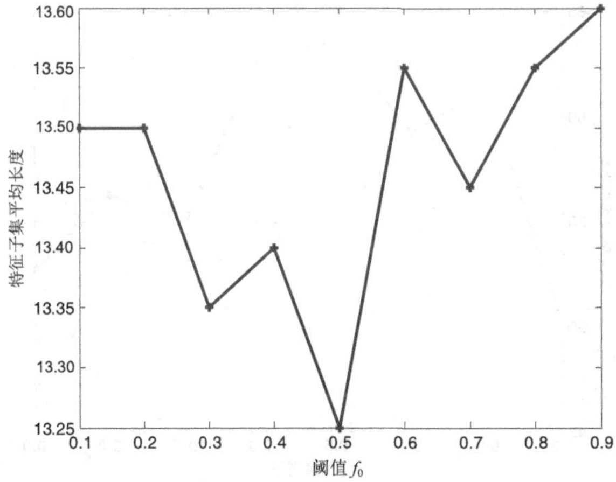

(b)

图 5.5　阈值 f_0 对算法性能的影响

可以知道，当阈值 f_0 较小时，个体普遍执行单点变异进行邻域搜索，算法性能近似于采用 SMNS 邻域搜索策略，解的变化幅度较小，算法全局搜索能力减弱，导致迭代次数增加，算法收敛速度降低；反之，当阈值 f_0 较大时，个体普遍执行完全变异进行邻域搜索，解的变化幅度较大，算法全局搜索能力增加，收敛速度会加快，但最终得到的特征子集平均长度较大，算法容易陷入局部最优。因此，阈值 f_0 的选择，要在全局搜索能力和收敛速度之间进行权衡。

从表 5.5 和图 5.5 中可以看出：当 f_0 较大或较小时，算法得到的特征子集平均长度都较大，并且算法平均迭代次数较多。可以发现：当阈值 f_0=0.5 时，算法平均迭代次数和特征子集平均长度都达到最小，算法的性能一致且稳定，全局搜索能力和收敛速度之间达到平衡。因此，在本书中取 f_0=0.5。

5.3.2.3　基于 *Gbest* 与 *Pbest* 的邻域搜索策略参数分析

本策略在基于单点变异的邻域搜索策略基础上，增加了 3 个参数：γ 、C_p 和 C_g 。

（1）参数 γ 的选择。为了考察参数 γ 的选择对算法性能的影响，首先固定另外 5 个参数的值，令 *P*=50，*limit*=10，*α*=0.91，C_p=0.4，C_g=0.6，然后不断调整参数 γ 的值，使其从 0.2 不断递增到 0.9。实验对比结果见表 5.6，其对应的图形如图 5.6 所示。

表 5.6　参数 γ 对算法性能的影响

参数 γ	0.2	0.3	0.4	0.5	0.6	0.7	0.8	0.9
特征子集平均长度	13.8	13.4	13.3	13.35	13.45	13.4	13.85	13.75
算法平均迭代次数	49.9	61.2	59.3	63.45	62.95	55	56.2	52.7

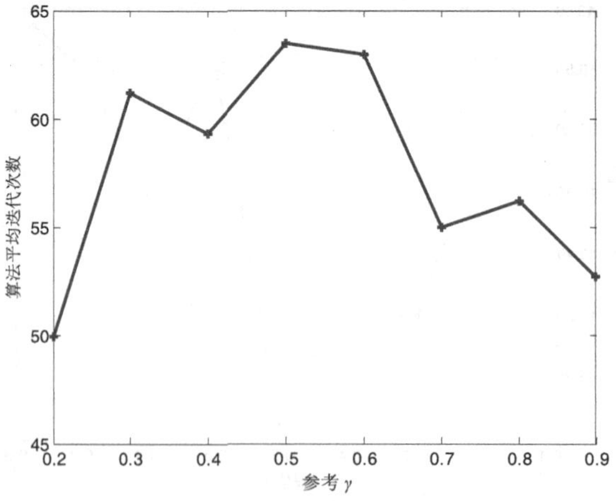

（a）

图 5.6　参数 γ 对算法性能的影响

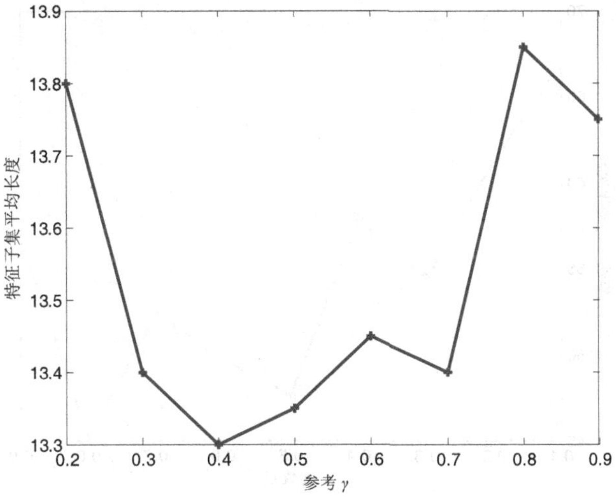

（b）

图 5.6　参数γ对算法性能的影响（续图）

可以知道，可调参数γ用于调节粒子随机生成新解的比例，要求参数γ的值随着迭代逐渐减小最终降为 0.1。大的γ值可以使粒子在开始时具有更多的探索能力，小的γ值能让粒子在其附近有开采能力，便于粒子跟随两个历史值，从而加快算法收敛。

从表 5.6 和图 5.6 中可以看到，当参数γ较小或较大时，都容易使算法陷入局部最优，最终得到的特征子集平均长度增加，但对算法的收敛速度影响不明显，即得到的算法平均迭代次数差别不大。可以发现：当参数γ的取值等于 0.4 时，算法得到的特征子集平均长度最佳。因此，在本书中取γ=0.4。

（2）参数C_p的选择。为了考察参数C_p的选择对算法性能的影响，首先固定另外 5 个参数的值，令 P=50，*limit*=10，α=0.91，γ =0.4，C_g=0.6，然后不断调整参数C_p的值，使其从 0.1 不断递增到 0.9。实验对比结果见表 5.7，其对应的图形如图 5.7 所示。

表 5.7　参数 C_p 对算法性能的影响

参数 C_p	0.1	0.2	0.3	0.4	0.5	0.6	0.7	0.8	0.9
特征子集平均长度	13.65	13.55	13.65	13.45	13.75	13.65	13.75	13.8	13.6
算法平均迭代次数	66.8	61.35	54.5	57.85	47.6	49.65	52.45	45.1	56.7

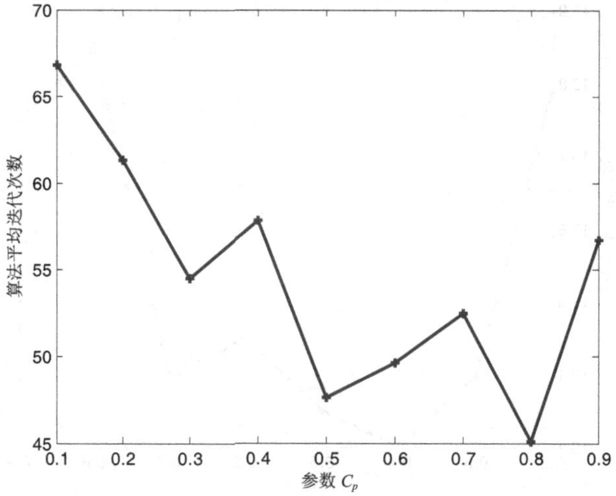

（a）

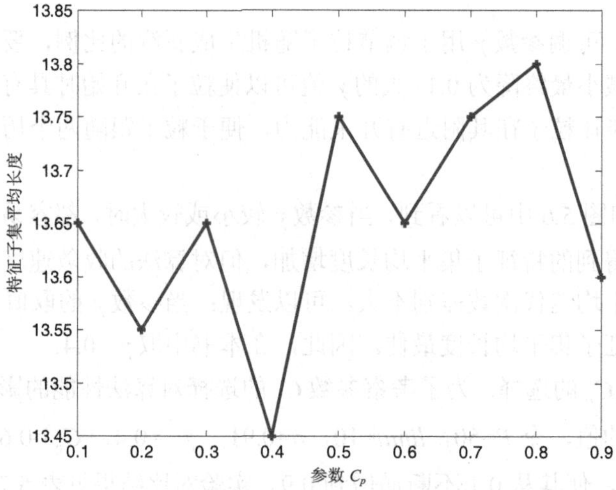

（b）

图 5.7　参数 C_p 对算法性能的影响

可以知道：参数 C_p 用于调节粒子根据个体极值生成新解的比例。从表 5.7 和图 5.7 中可以看到：当参数 C_p 较小或较大时，都容易使算法陷入局部最优，最终得到的特征子集平均长度增加，但算法平均迭代次数差别不大。可以发现：当 C_p=0.4 时，算法得到的特征子集平均长度最佳。因此，在本书中取 C_p=0.4。

（3）参数 C_g 的选择。为了考察参数 C_g 的选择对算法性能的影响，固定另外 5 个参数的值，令 P=50，$limit$=10，α=0.91，γ=0.4，C_g=0.4，然后不断调整参数

C_g 的值，因为 $C_g>C_p$，故使其从 0.5 不断递增到 0.9。实验对比结果见表 5.8，其对应的图形如图 5.8 所示。

表 5.8　参数 C_g 对算法性能的影响

参数 C_g	0.5	0.6	0.7	0.8	0.9
特征子集平均长度	13.65	13.45	13.8	13.75	13.75
算法平均迭代次数	57.35	49.75	45.6	53.55	57.7

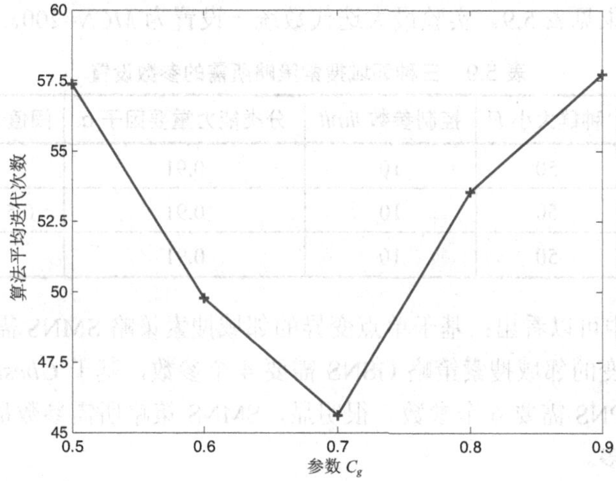

（a）

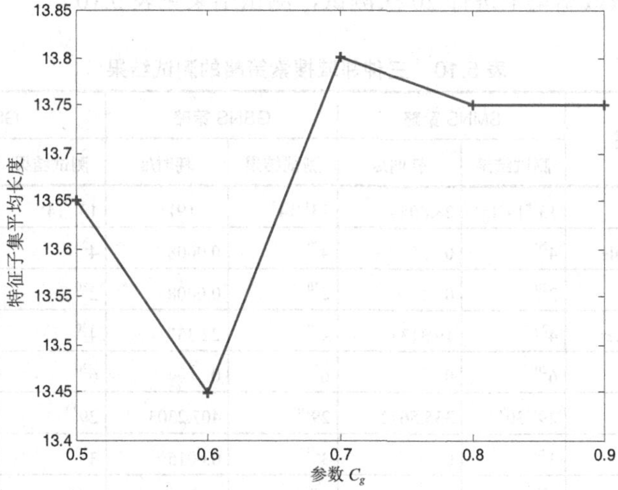

（b）

图 5.8　参数 C_g 对算法性能的影响

可以知道：参数 C_g 用于调节粒子根据全局极值生成新解的比例。从表 5.8 和图 5.8 中可以看到：参数 C_g 较小或较大时，都容易使算法陷入局部最优，最终得到的特征子集平均长度增加，但算法平均迭代次数差别不大。可以发现：当参数 C_g 的取值等于 0.6 时，算法得到的特征子集平均长度最佳。因此，在本书中取 C_g=0.6。

5.3.2.4　三种邻域搜索策略比较与分析

通过选择 Audiology 数据集对三种邻域搜索策略进行测试与比较后，实验所需参数选取结果见表 5.9。实验最大迭代数统一设置为 *MCN*=200。

表 5.9　三种邻域搜索策略所需的参数设置

邻域搜索策略	种群大小 *P*	控制参数 *limit*	分类能力重要因子 *α*	阈值 f_0	γ	C_p	C_g
SMNS	50	10	0.91				
GSNS	50	10	0.91	0.5			
GPNS	50	10	0.91		0.4	0.4	0.6

从表 5.9 中可以看出：基于单点变异的邻域搜索策略 SMNS 需要 3 个参数，基于渐变与突变的邻域搜索策略 GSNS 需要 4 个参数，基于 *Gbest* 与 *Pbest* 的邻域搜索策略 GPNS 需要 6 个参数。很明显，SMNS 策略所需参数最少，GPNS 策略所需参数最多。

为了比较三种邻域搜索策略的优劣，对算法分别采用不同策略编写代码，然后在 18 个离散数据集上进行 20 次测试，测试结果见表 5.10。

表 5.10　三种邻域搜索策略的测试结果

序号	数据集	SMNS 策略		GSNS 策略		GPNS 策略	
		测试结果	耗时/s	测试结果	耗时/s	测试结果	耗时/s
1	Audiology	$13^{16}14^{3}15^{1}$	28.8054	$13^{16}14^{4}$	33.1915	$13^{19}14^{1}$	40.8728
2	Balance-Scale	4^{20}	0	4^{20}	0.0008	4^{20}	0.0015
3	Balloon	2^{20}	0	2^{20}	0.0008	2^{20}	0
4	Breast-Cancer	4^{20}	19.3133	4^{20}	22.357	4^{20}	20.1015
5	Car	6^{20}	0	6^{20}	0	6^{20}	0.0008
6	Chess-King	$29^{11}30^{9}$	335.5672	29^{20}	407.2303	29^{20}	342.9312
7	Monks1	3^{20}	0	3^{20}	0.0015	3^{20}	0.0008
8	Monks3	4^{20}	0	4^{20}	0	4^{20}	0.0008
9	Mushroom	$4^{18}5^{2}$	114.8842	4^{20}	138.1657	4^{20}	120.0188
10	Nursery	8^{20}	0.0016	8^{20}	0	8^{20}	0.0015

续表

序号	数据集	SMNS 策略		GSNS 策略		GPNS 策略	
		测试结果	耗时/s	测试结果	耗时/s	测试结果	耗时/s
11	Shuttle-Loading	3^{20}	8.8624	3^{20}	9.8048	3^{20}	9.4569
12	Solar-Flare	6^{20}	28.879	6^{20}	33.6283	6^{20}	30.3415
13	Soybean-Small	$2^{14}3^{6}$	10.946	$2^{19}3^{1}$	11.9837	2^{20}	14.7758
14	Spect	17^{20}	27.9922	17^{20}	32.207	17^{20}	30.7931
15	Splice	$10^{17}11^{3}$	160.5813	10^{20}	194.5374	10^{20}	176.0437
16	Tic-Tac-Toe	8^{20}	32.0406	8^{20}	37.5218	8^{20}	32.7158
17	Vote	10^{20}	26.629	10^{20}	31.2094	10^{20}	27.2149
18	Zoo	5^{20}	11.6298	5^{20}	13.4204	5^{20}	14.0148

为了便于进行结果比较，对表 5.10 绘制了 Excel 图表形式，分别从特征子集平均长度和平均耗时两个方面进行比较，如图 5.9 和图 5.10 所示。

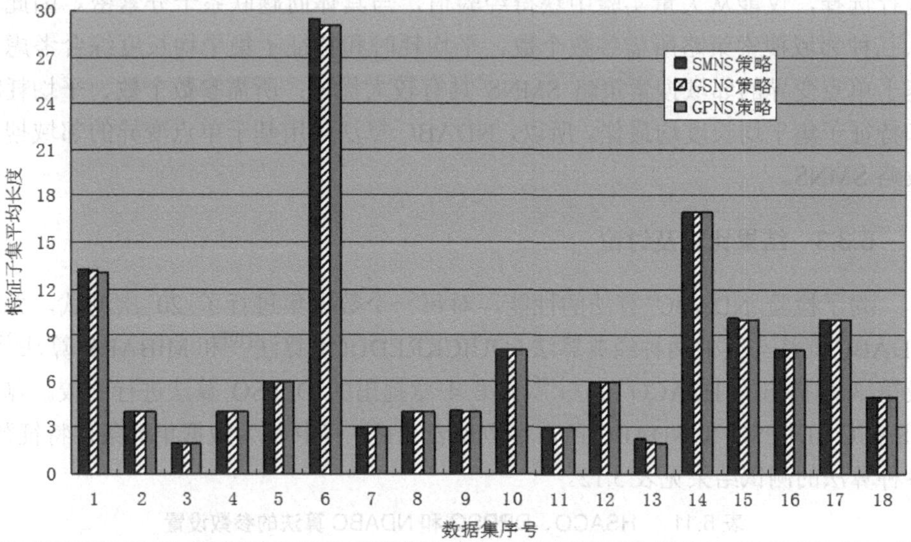

图 5.9　三种邻域搜索策略得到的特征子集平均长度比较

从图 5.9 和图 5.10 中可以发现：三种邻域搜索策略得到的特征子集平均长度基本一致，但算法平均耗时存在差异。具体比较发现：SMNS 策略平均耗时最少，收敛速度最快；GSNS 策略平均耗时最多，收敛速度最慢，仅在 2 个数据集（Audioligy 和 Soybean-Small）上比 GPNS 策略稍快；GPNS 策略平均耗时稍逊于 SMNS 策略。

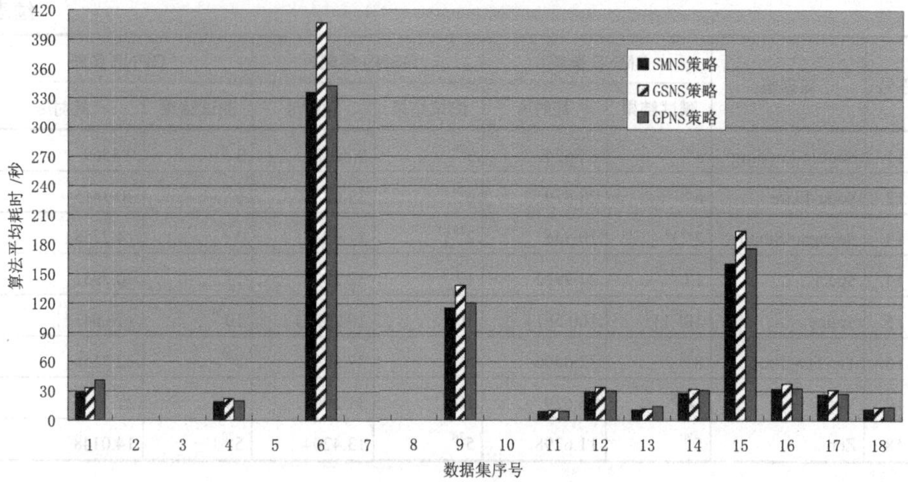

图 5.10 三种邻域搜索策略平均耗时比较

由于群智能算法中参数对算法性能影响较大，并且目前还没有理论方法来进行选择，仅能从大量实验中获得经验值，与具体问题联系十分紧密。因此，从三种邻域搜索策略所需参数个数、平均耗时和特征子集平均长度综合考虑，基于单点变异的邻域搜索策略 SMNS 具有较大优势：所需参数个数、平均耗时和特征子集平均长度均最佳。所以，NDABC 算法采用基于单点变异的邻域搜索策略 SMNS。

5.3.3 结果比较及讨论

为了检验 NDABC 算法的性能，对每一个数据集进行了 20 次测试，并将 NDABC 算法与其他两种经典算法（QUICKREDUCT 算法[10]和 MIBARK 算法[15]）及第 3 章提出的 HSACO 算法[245]和第 4 章提出的 DPPSO 算法进行比较。算法 HSACO、DPPSO 和 NDABC 所需参数见表 5.11，其中 N 为数据集的条件特征数。各种算法的测试结果见表 5.12。

表 5.11 HSACO、DPPSO 和 NDABC 算法的参数设置

HSACO 算法	DPPSO 算法	NDABC 算法
种群大小 $M=\sqrt{N}$	种群大小 M=20	种群大小 P=50
最大迭代数 MCN=200	最大迭代数 MCN=200	最大迭代数 MCN=200
初始信息素 $\tau_0=0.5$	跳跃阈值 $JUMP$=10	控制参数 $limit$=10
信息素浓度因子 α=0.9	参数 $C_w=0.2$	分类能力重要因子 α=0.91
启发式信息因子 β=0.1	参数 $C_p=0.4$	

续表

HSACO 算法	DPPSO 算法	NDABC 算法
信息素挥发系数 ρ=0.9	参数 C_g =0.7	
信息素强度 Q=50	分类能力重要因子 α=0.9	
最小信息素挥发系数 ρ_{min} =0.01	特征子集长度重要因子 β=0.1	
精英蚂蚁数 σ=1		

从表 5.11 中可以看出，HSACO 算法需要 9 个参数，DPPSO 算法需要 8 个参数，NDABC 算法需要 4 个参数。很明显，NDABC 算法所需参数最少，HSACO 算法所需参数最多。

表 5.12 NDABC 算法的测试与比较结果

序号	数据集	实例数	条件特征数	核	QUICKREDUCT	MIBARK	HSACO	DPPSO	NDABC
1	Audiology	200	68	3	20^{20}	19^{20}	$13^{19}14^{1}$	$13^{17}14^{3}$	$13^{16}14^{3}15^{1}$
2	Balance-Scale	625	4	4	4^{20}	4^{20}	4^{20}	4^{20}	4^{20}
3	Balloon	20	4	2	2^{20}	2^{20}	2^{20}	2^{20}	2^{20}
4	Breast-Cancer	699	9	1	4^{20}	4^{20}	4^{20}	4^{20}	4^{20}
5	Car	1728	6	6	6^{20}	6^{20}	6^{20}	6^{20}	6^{20}
6	Chess-King	3196	36	27	30^{20}	30^{20}	29^{20}	29^{20}	$29^{11}30^{9}$
7	Monks1	124	6	3	3^{20}	3^{20}	3^{20}	3^{20}	3^{20}
8	Monks3	122	6	4	4^{20}	4^{20}	4^{20}	4^{20}	4^{20}
9	Mushroom	8124	22	0	6^{20}	5^{20}	$4^{18}5^{2}$	4^{20}	$4^{18}5^{2}$
10	Nursery	12960	8	8	8^{20}	8^{20}	8^{20}	8^{20}	8^{20}
11	Shuttle-Loading	15	6	2	3^{20}	3^{20}	3^{20}	3^{20}	3^{20}
12	Solar-Flare	1389	12	4	6^{20}	6^{20}	6^{20}	6^{20}	6^{20}
13	Soybean-Small	47	35	0	3^{20}	3^{20}	2^{20}	2^{20}	2^{20}
14	Spect	267	22	15	19^{20}	19^{20}	17^{20}	17^{20}	17^{20}
15	Splice	3190	60	0	11^{20}	11^{20}	$10^{15}11^{5}$	$9^{1}10^{19}$	$10^{17}11^{3}$
16	Tic-Tac-Toe	958	9	0	8^{20}	8^{20}	8^{20}	8^{20}	8^{20}
17	Vote	435	16	9	12^{20}	11^{20}	10^{20}	10^{20}	10^{20}
18	Zoo	101	16	2	6^{20}	5^{20}	5^{20}	5^{20}	5^{20}

在表 5.12 中，第 2 列是数据集名称，第 3～5 列分别是数据集的实例数、条件特征数和计算求出的特征核数，第 6、7 列分别是启发式方法中基于正域的 QUICKREDUCT 算法和基于互信息的 MIBARK 算法，第 8～10 列分别是群智能算法中基于蚁群优化的 HSACO 算法、基于粒子群优化的 DPPSO 算法和基于人工蜂群的 NDABC 算法。

从表 5.12 中，可以发现：在 20 次测试中，启发式方法（QUICKREDUCT 和 MIBARK）作为确定性算法，每次都能得到完全一致的解，而群智能算法（HSACO、DPPSO 和 NDABC）常常能够得到不同的解。总的来说，群智能算法能够找到基数较少的特征子集，优于启发式方法。

为了便于对三种群智能算法的结果进行比较，针对表 5.12 绘制了 Excel 图表形式，如图 5.11 所示。

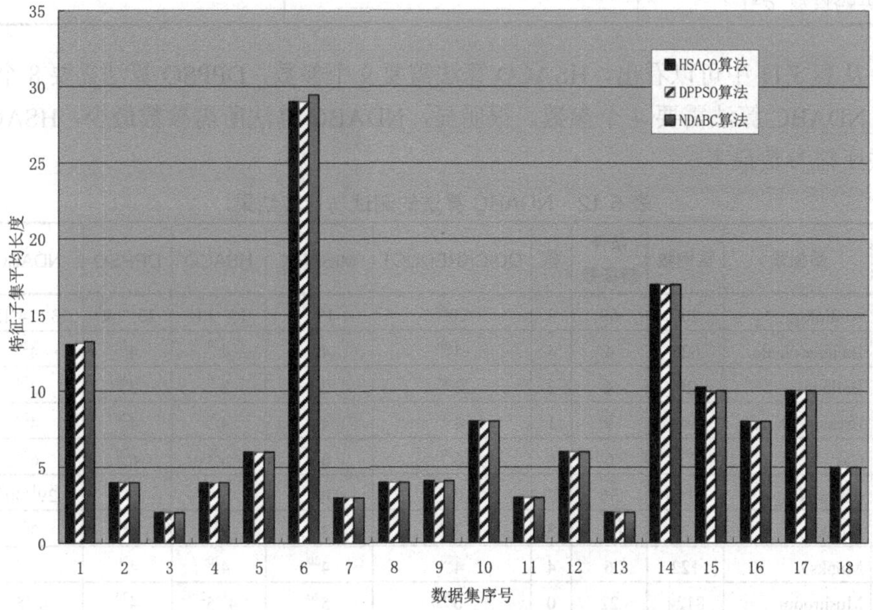

图 5.11　三种群智能算法得到的特征子集平均长度比较

从图 5.11 可以发现：在 14 个数据集（Balance-Scale、Balloon、Breast-Cancer、Car、Monks1、Monks3、Nursery、Shuttle-Loading、Solar-Flare、Soybean-Small、Spect、Tic-Tac-Toe、Vote 和 Zoo）上，三种群智能算法得到特征子集平均长度完全一致的结果，因此只需要在剩余的 4 个数据集（Audiology、Chess-king、Mushroom 和 Splice）上比较三种群智能算法的结果即可。

从图 5.11 中可以明显看出：三种算法得到的结果相差无几。对于 4 个数据集来说，DPPSO 算法在 3 个数据集（Chess-king、Mushroom 和 Splice）上得到的特征子集平均长度最短，仅在数据集 Audiology 上得到的特征子集平均长度比 HSACO 算法略长；HSACO 算法效果介于两者之间，稍逊于 DPPSO 算法；NDABC 算法在 3 个数据集（Audiology、Chess-king 和 Mushroom）上得到的特征子集平均长度最长，但在数据集 Splice 上得到的特征子集平均长度比 HSACO 算法略短。

由于三种群智能算法得到的特征子集平均长度结果相差无几，难分伯仲，那么就需要继续比较算法的收敛速度。因此，从三种群智能算法的20次测试结果中，分别取出收敛最快的一次即最好情况下的测试结果进行比较。观察在200次迭代过程中，它们得到特征子集的变化情况，以此来比较三种算法的收敛速度，具体如图5.12所示。

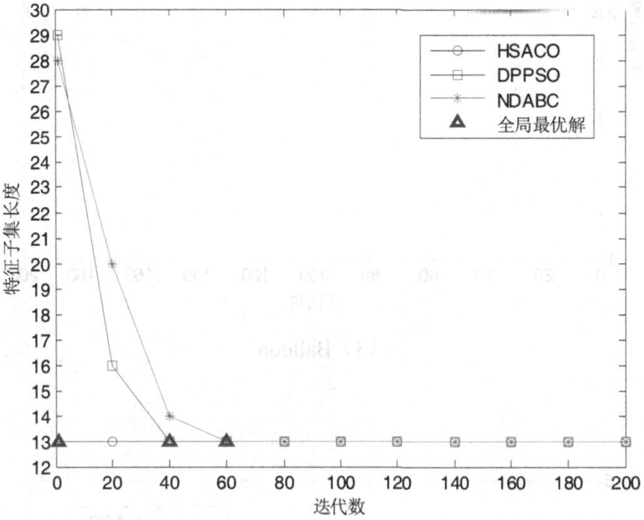

（1）Audiology

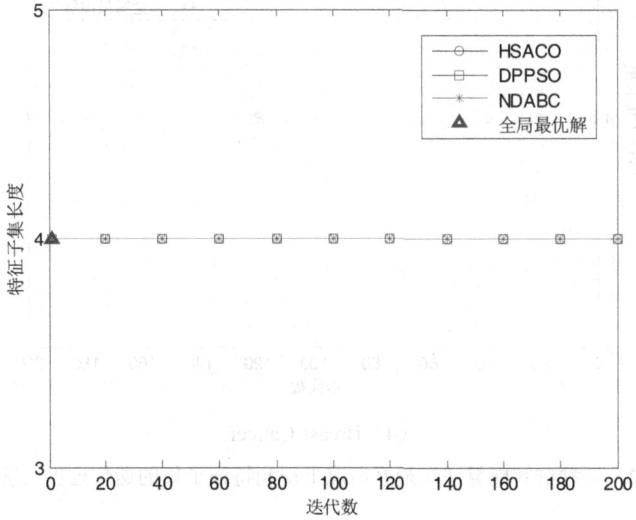

（2）Balance-Scale

图5.12　三种群智能算法在最好情况下得到特征子集的迭代过程

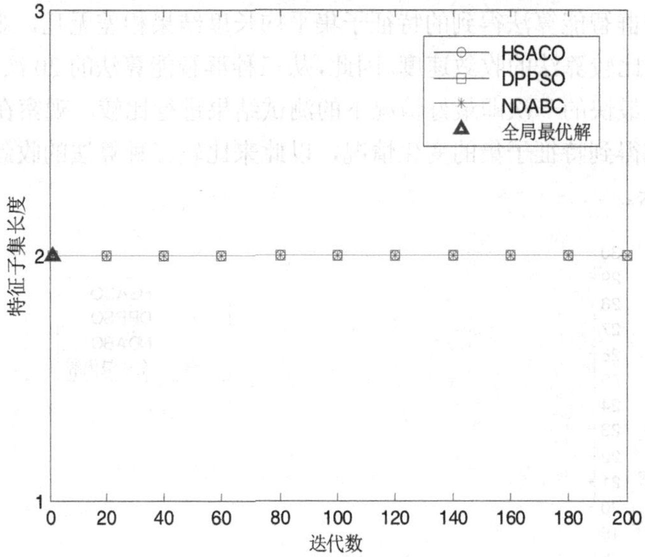

（3）Balloon

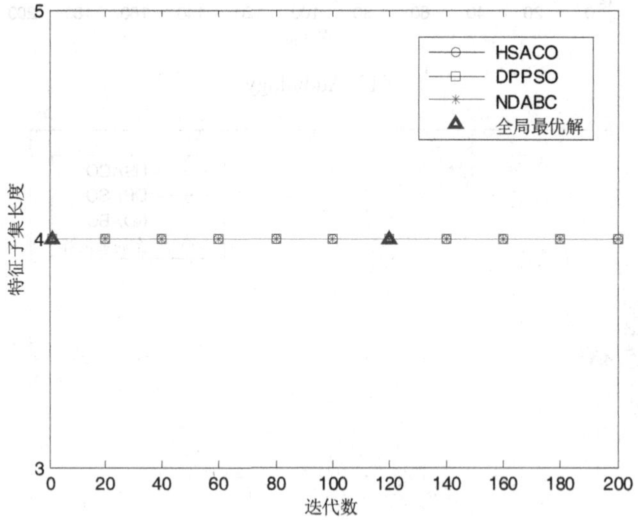

（4）Breast-Cancer

图 5.12　三种群智能算法在最好情况下得到特征子集的迭代过程（续图）

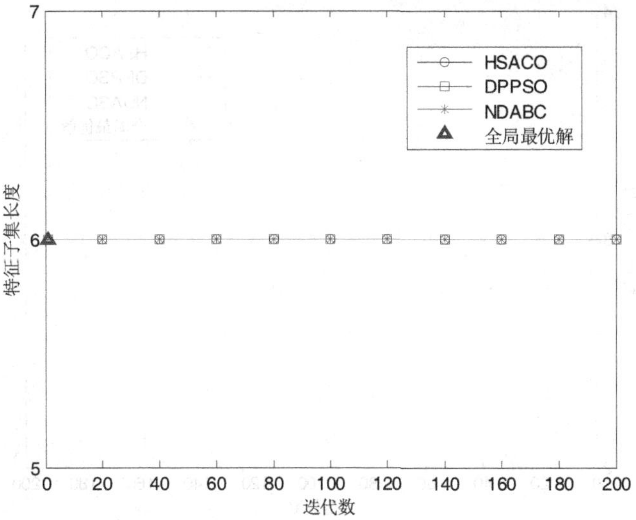

（5）Car

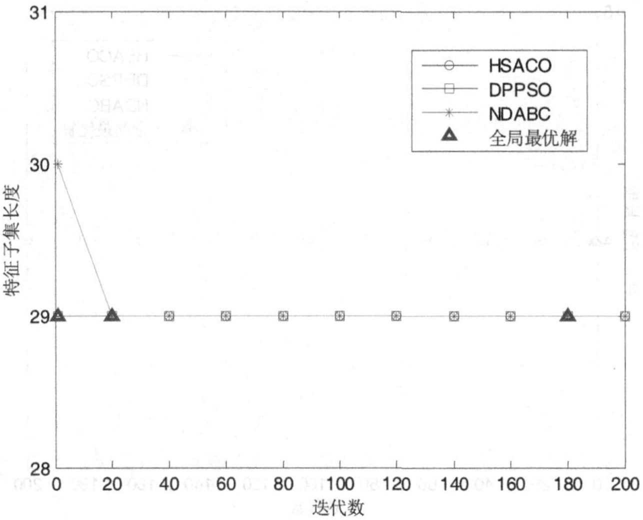

（6）Chess-King

图 5.12　三种群智能算法在最好情况下得到特征子集的迭代过程（续图）

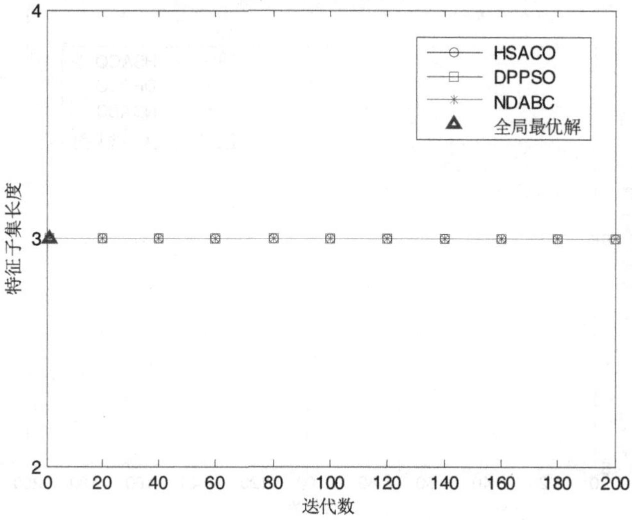

（7）Monks1

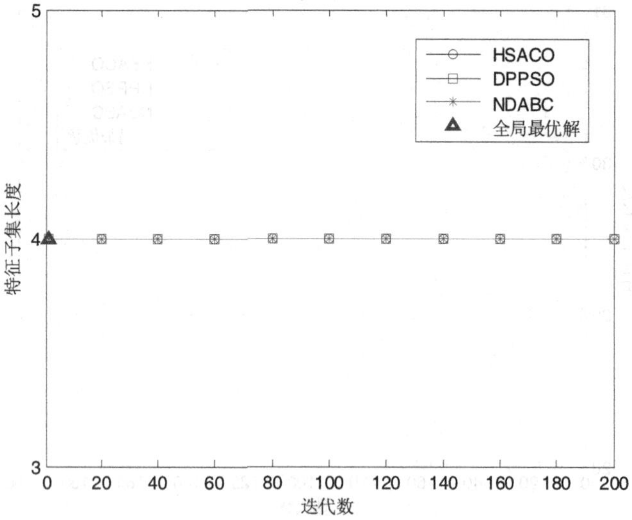

（8）Monks3

图 5.12　三种群智能算法在最好情况下得到特征子集的迭代过程（续图）

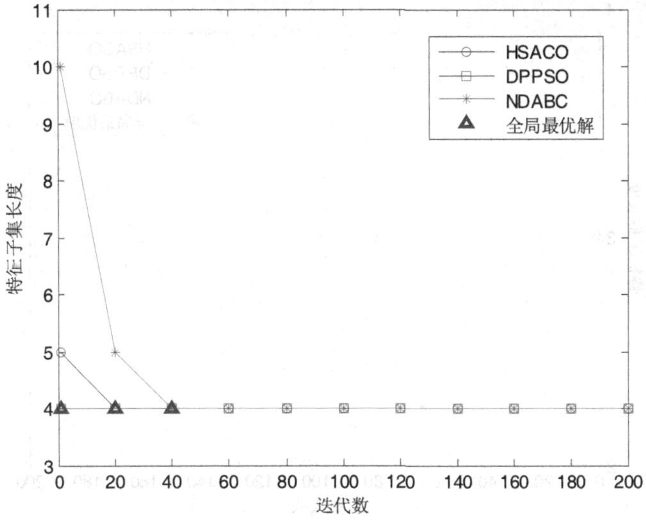

（9）Mushroom

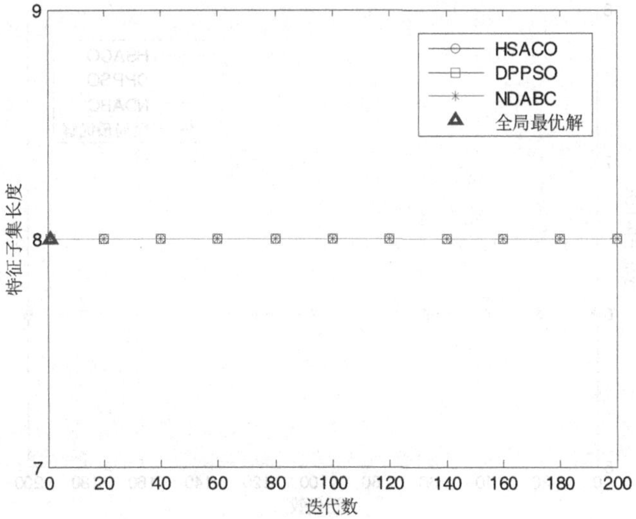

（10）Nursery

图 5.12　三种群智能算法在最好情况下得到特征子集的迭代过程（续图）

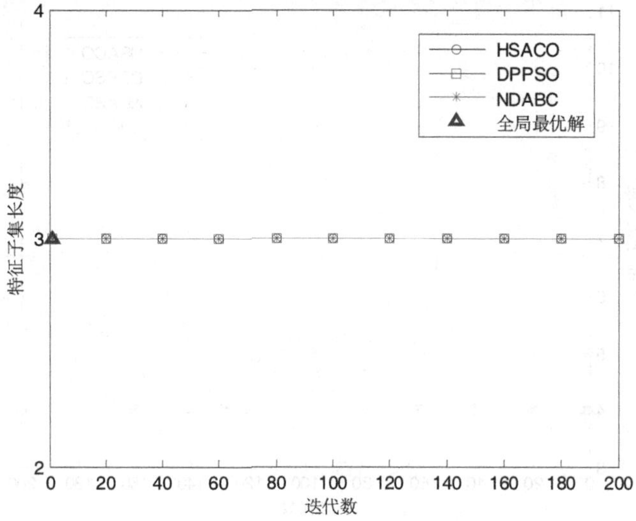

（11）Shuttle-Loading

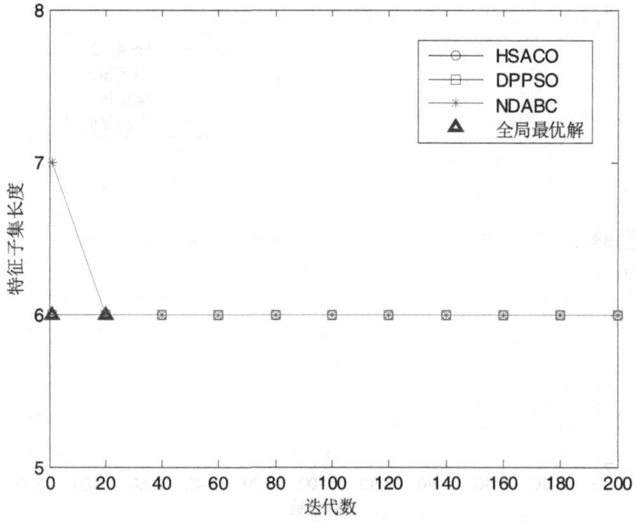

（12）Solar-Flare

图 5.12　三种群智能算法在最好情况下得到特征子集的迭代过程（续图）

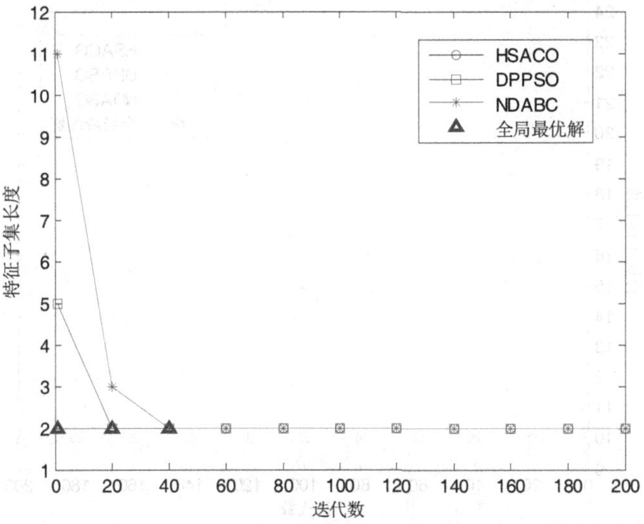

（13）Soybean-Small

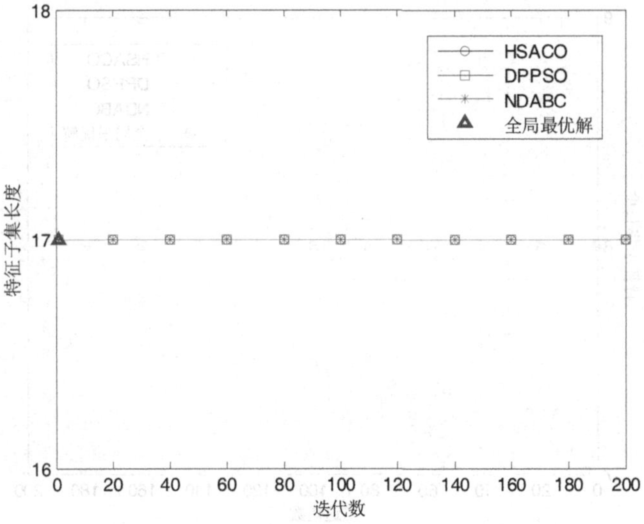

（14）Spect

图 5.12　三种群智能算法在最好情况下得到特征子集的迭代过程（续图）

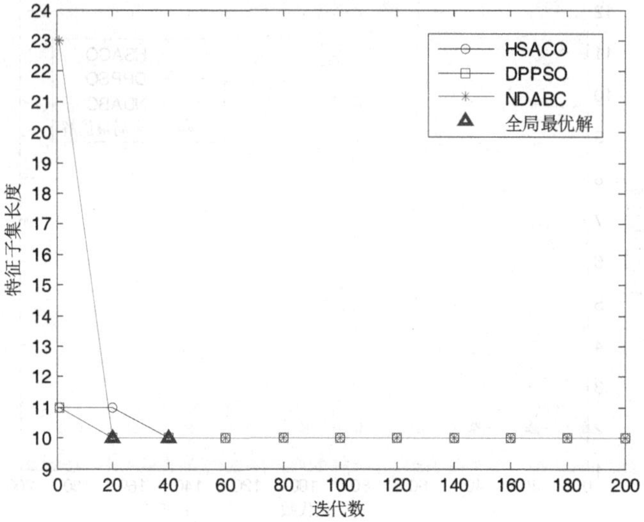

（15）Splice

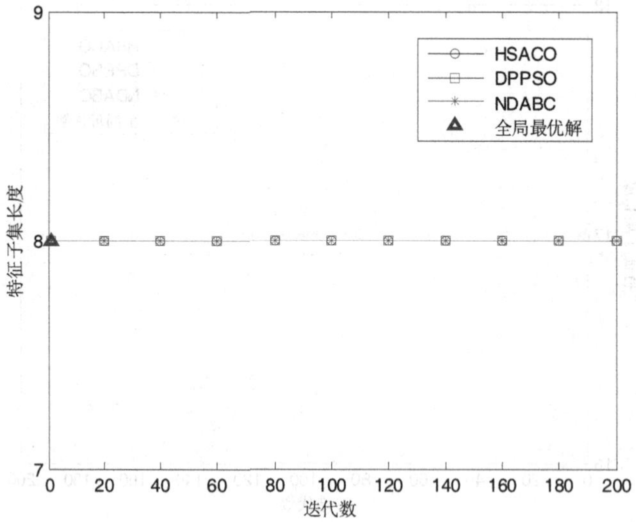

（16）Tic-Tac-Toe

图 5.12　三种群智能算法在最好情况下得到特征子集的迭代过程（续图）

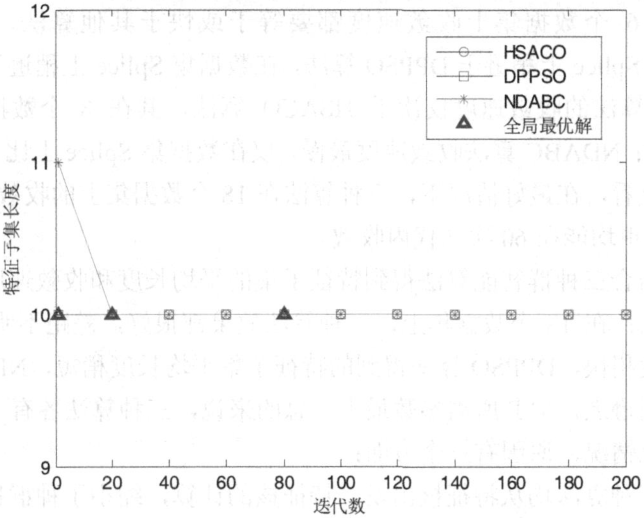

（17）Vote

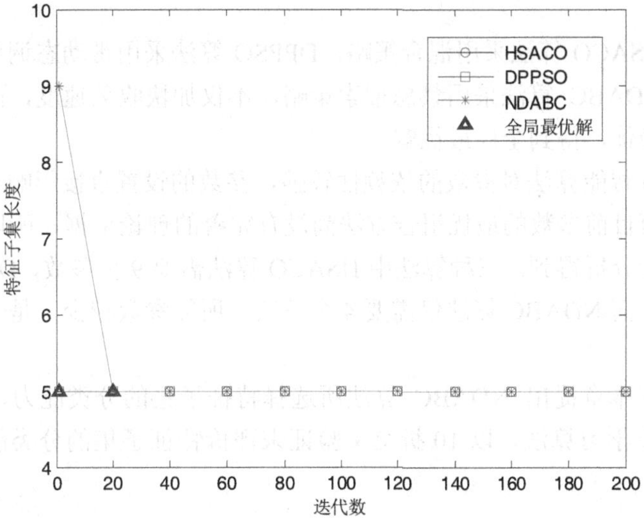

（18）Zoo

图 5.12　三种群智能算法在最好情况下得到特征子集的迭代过程（续图）

从图 5.12 中可以发现：三种群智能算法在 10 个数据集（Balance-Scale、Balloon、Breast-Cancer、Car、Monks1、Monks3、Nursery、Shuttle-Loading、Spect 和 Tic-Tac-Toe）上的迭代过程完全一致，因此仅需要在剩余的 8 个数据集（Audiology、Chess-King、Mushroom、Solar-Flare、Soybean-Small、Splice、Vote 和 Zoo）上比较即可。对于这 8 个数据集，在最好情况下，HSACO 算法的收敛速

度最快，在 6 个数据集上收敛速度都要等于或快于其他算法，仅在数据集 Mushroom 和 Splice 上稍逊于 DPPSO 算法，在数据集 Splice 上稍逊于 NDABC 算法；DPPSO 算法的收敛速度仅次于 HSACO 算法，其在 8 个数据集上均优于 NDABC 算法；NDABC 算法收敛速度最慢，仅在数据集 Splice 上比 HSACO 算法稍快。总体上看，在最好情况下，三种算法在 18 个数据集上的收敛速度都很快，NDABC 算法也均能在 60 次迭代内收敛。

由此，结合三种群智能算法得到特征子集的平均长度和收敛速度两个方面，可以得出结论：在 18 个数据集上，三种算法效果都很好，差距不明显。HSACO 算法收敛速度稍快，DPPSO 算法得到的特征子集平均长度稍短，NDABC 算法与前两者相比稍逊之，但其所需参数最少。总的来说，三种算法各有千秋。

分析以上情况，原因有三个方面：

第一，三种算法均从特征核出发。特征核的计算，缩小了种群搜索的范围，提高了收敛速度。同时，像数据集（Balance-Scale、Balloon、Car、Monks1、Monks3 和 Nursery），它们的特征核即为所求约简，故三种算法不必进行后续操作，速度大大提高。

第二，HSACO 算法采用混合策略，DPPSO 算法采用带动态调整参数的粒子更新策略，NDABC 算法采用禁忌搜索策略，不仅加快收敛速度，而且能有效避免陷入局部最优，得到全局最优解。

第三，群智能算法对参数的依赖性较强，参数的设置直接影响着算法性能和收敛速度。而目前参数的最优组合方法尚没有完善的理论依据，所以需要根据大量的实验进行分析得到。三种算法中 HSACO 算法需要 9 个参数，DPPSO 算法需要 8 个参数，而 NDABC 算法仅需要 4 个参数，所需参数较少，是一个不容忽视的优势。

为了验证本章提出 NDABC 算法所选择特征子集的分类能力，引入流行的 LEM2[248]分类学习算法，以 10 折交叉验证来评价特征子集的分类能力，结果见表 5.13。

表 5.13　原始特征集与最优特征子集的分类能力对比

数据集	特征数		LEM2	
	原始特征集	最优特征子集	原始特征集分类能力	最优特征子集分类能力
Audiology	68	13	0.7300 ± 0.0678	0.7400 ± 0.1091
Balance-Scale	4	4	0.7808 ± 0.0444	0.7808 ± 0.0444
Balloon	4	2	1.0000 ± 0.0000	1.0000 ± 0.0000
Breast-Cancer	9	4	0.9528 ± 0.0271	0.9557 ± 0.0322

续表

数据集	特征数		LEM2	
	原始特征集	最优特征子集	原始特征集分类能力	最优特征子集分类能力
Car	6	6	0.9097 ± 0.0156	0.9097 ± 0.0156
Chess-King	36	29	0.9959 ± 0.0046	0.9966 ± 0.0033
Monks1	6	3	0.9359 ± 0.0601	0.9513 ± 0.0645
Monks3	6	4	0.8949 ± 0.0934	0.8962 ± 0.0978
Mushroom	22	4	1.0000 ± 0.0000	1.0000 ± 0.0000
Nursery	8	8	0.9840 ± 0.0035	0.9840 ± 0.0035
Shuttle-Loading	6	3	0.7500 ± 0.3354	0.7500 ± 0.3354
Solar-Flare	12	6	0.9878 ± 0.0133	0.9915 ± 0.0066
Soybean-Small	35	2	0.9800 ± 0.0600	1.0000 ± 0.0000
Spect	22	17	0.6558 ± 0.0888	0.6783 ± 0.0804
Splice	60	10	0.8564 ± 0.0235	0.9141 ± 0.0117
Tic-Tac-Toe	9	8	1.0000 ± 0.0000	1.0000 ± 0.0000
Vote	16	10	0.9470 ± 0.0296	0.9473 ± 0.0318
Zoo	16	5	0.9218 ± 0.0721	0.9609 ± 0.0656
平均值	19	8	0.9046	0.9142

从表 5.13 中可以发现：对每一个数据集，NDABC 算法所得特征子集的分类能力均等于或大于原始特征集的分类能力，说明 NDABC 算法是有效的。因为它所得到的特征子集不仅能够保持分类能力不变，而且能够消除数据集中的噪声，使所得特征子集分类能力得到提升。

因此，从算法所需参数个数、收敛速度和得到的特征子集平均长度三个方面来综合考虑，可以得出结论：NDABC 算法的收敛速度较快，算法性能与 HSACO 和 DPPSO 算法基本相当，但 NDABC 算法所需参数较少，具有一定的优势。

5.4 本章小结

本章研究群智能中的代表性算法——ABC 算法，在基于群智能和粗糙集特征选择框架的基础上，设计一种基于 ABC 和粗糙集的特征选择算法 NDABC。算法从粗糙集的特征核开始构造解，通过反向学习得到较优的初始种群；提出三种不同的邻域搜索策略，通过参数选取分析和测试比较，最终采用基于单点变异的邻域搜索策略产生新解；同时对雇佣蜂执行禁忌搜索，设置一定长度的禁忌表，表中存储一些雇佣蜂优化 *limit* 次却没有得到改进的解，避免算法陷入局部最优，可以降低算法的时间复杂度，提高算法寻优效率。实验结果表明，NDABC 算法在问题空间有很强的搜索能力，其收敛速度较快，算法性能与 HSACO 和 DPPSO 算法基本相当，但 NDABC 算法所需参数较少，具有一定的优势。

第 6 章　银行个人信用评分中的特征选择

6.1　银行个人信用评分

6.1.1　个人信用评分的概念和发展

个人信用评分[258]是一种用来预测借款人违约可能性的统计方法，根据是否能够按期还本付息，将借款人划分为两类：履约（好客户）和违约（坏客户）。个人信用评分的具体做法是：首先收集若干历史样本，根据这些已知数据，分析样本中哪些特征会影响借款人的履约或违约行为；然后从样本数据中总结分类规则，对借款人是否违约进行预测，为信贷决策工作提供依据。

1941 年，Durand[259]第一次将这一思想应用到贷款领域。由于在进行信用决策时，从事信用分析的专业人员常常存在不一致性。2000 年，Thomas[260]认为在 20 世纪 30 年代，美国的一些从事邮购业务的公司就开始引入个人信用评分系统来克服这一弊端。

1965 年后，国外各商业银行对信用卡业务不断进行拓展，信用评分的重要性也逐渐彰显出来，信用评分在信用卡业务上得到成功应用。1980 年后，银行中的各种金融产品也纷纷使用信用评分，从刚开始的个人货款，逐渐发展到后来的住房贷款和中小企业贷款等。

相比国外的研究，中国的信用评分工作起步较晚。1990 年以来，中国经济发展迅速，中国商业银行陆续开办了各种个人消费贷款。随着个人贷款的高速增长，必然要求商业银行建立一整套相应的信用风险管理体系，但令人遗憾的是，目前这一工作还十分欠缺。

向晖和杨胜刚[261]认为，2006 年美国爆发次贷危机后，国内外各大商业银行开始对拓展个人信贷业务采取谨慎态度。如何去正确地平衡个人信贷业务中的风险与利润，从而使风险的控制与利润的追求达到双赢，建立一个有效的个人信用评分体系是重中之重。目前，许多学者已将各种新技术应用于个人信用评分系统，使其得到飞速地发展。

6.1.2　个人信用评分指标体系

信用评分指标体系[262]是信用评分机构和评分人员从事信用评分工作的依据，

也是衡量信用评分结果是否客观公正的标尺。要保证得到客观公正的评分结果，就必须按照一定的原则来制定信用评分指标体系。因此，必须遵照以下 5 条原则，来进行信用评分指标体系的制定：

（1）科学性原则：首先要对评分指标体系进行科学分析，在此基础上进行设计，不仅要突出重点，还要保证内容全面；同时，各指标之间不重复、不矛盾，做到有机配合，指标在整体上形成体系，体现系统性；最后，要用科学的方法来计算和评价指标。

（2）客观性原则：评分指标体系的客观性常常受到一些主观因素的影响，特别是一些不必要的主观因素，它们对指标体系的建立带来一定的负面影响。为了减少这些负面影响，客观公正地反映评分对象真实的信用等级，评分指标体系的设立就必须做到：不论是指标体系，还是计算方法，都要客观公正，既不偏向评分对象，也不偏向商业银行；同时，评分指标体系的参与者不能仅凭个人喜好，随意对指标项目、评价标准和计算方法进行修改，必须本着公正的态度，依据事实进行客观评价。

（3）全面性原则：评分指标体系的内容要体现全面性，不仅要能够对以前的情况进行考核，还要能够对将来的趋势进行预测，也就是要对所有可能影响评分对象信用情况的各项要素进行全面地反映；同时，要研究评分对象自身，而且环境对评分对象的影响也不容忽视。

（4）可比性原则：在信用评分中，个人之间或家庭之间，它们具有的风险状况是各不相同的，在设计评分指标体系时，要使其具有可比性。

（5）可操作性原则：信用评分指标的设立，不但要做到科学和全面，而且要保证简便易行。也就是说，设立的指标，其资料来源要容易获取，而且在实际使用中，指标要做到便于掌握，易于实现，这就要求这些指标既规范又简单。

常见的信用评分指标体系可选择的定量方法[261]有两种：特征提取和特征选择。下面要讨论的是采用特征选择方法来进行信用评分的指标筛选。多年来，数据挖掘和机器学习领域的迅猛发展，涌现出大量的特征选择方法。

目前，已有一些学者采用 GA 算法进行指标筛选，取得一定的效果。2007 年，Huang 等[263]使用三种策略构造一种基于支持向量机 SVM 的混合信用评分模型来评估申请人的信用评分，并将 GA 算法和 SVM 分类器进行结合，采用 GA-SVM 混合策略执行特征选择和模型参数优化；2008 年，孙瑾等[264]分析特征变量和模型参数之间的联系，采用 GA 算法，同步进行变量选择和参数优化，并建立基于 GA-SVM 的个人信用评分模型。2009 年，Zhou 等[265]使用直接搜索法来优化基于 SVM 的信用评分模型，并与网格搜索方法、基于实验设计的方法和 GA 算法进行了比较。

在本章中，将采用前面提出的 HSACO 算法、DPPSO 算法和 NDABC 算法，在个人信用数据集上进行特征选择即指标筛选工作。

6.2 实验数据

6.2.1 德国信用数据集的描述

本书选用 UCI 机器学习数据库中的德国信用数据集（German Credit）。该数据集含有 1000 条信用样本，包括正类样本（好客户）700 个，负类样本（坏客户）300 个，每条样本含有 20 个条件特征，1 个决策特征，见表 6.1。

具体取值及代码如下：

（1）现有活期账户：A11.<0DM；A12.0-200DM；A13.≥200DM；A14.无账户。

（2）每月工作时间：4-72 之间的整数。

（3）信用卡历史：A30.无信用卡/所有信用卡均如期偿还；A31.本银行所有信用卡均如期偿还；A32.迄今为止的信用卡均如期偿还；A33.过去有延期偿还；A34.危险账户/其他已有信用卡（非本行）。

（4）借贷目的：A40.新车；A41.旧车；A42.家具/设备；A43.收音机/电视机；A44.家用电器；A45.修理；A46.教育；A47.度假；A48.再培训；A49.商业；A410.其他。

（5）信用卡金额：250-18424 之间的整数。

（6）定期存款/债券：A61.<100DM；A62.100-500DM；A63.500-1000DM；A64.≥1000DM；A65.未知/无定期存款。

（7）工作年限：A71.失业；A72.<1 年；A73.1-3 年；A74.4-6 年；A75.>7 年。

（8）按期还款占可自由支配收入的比率：1-4 之间的整数。

（9）性别和婚姻状态：A91.男性，离婚/分居；A92.女性，离婚/分居/已婚；A93.男性，单身；A94.男性，已婚/鳏居；A95.女性，单身。

（10）其他债务人/担保人：A101.无；A102.联合投保人；A103.担保人。

（11）居住年限：1-4 之间的整数。

（12）财产：A121.不动产；A122.若无 A121，但有定期存单/人寿保险；A123.若无 A121/A122，但有车/其他；A124.未知/无财产。

（13）年龄：19-75 之间的整数。

（14）其他分期付款计划：A141.银行；A142.商店；A143.无。

（15）住房：A151.租用；A152.自己的；A153.免费。

（16）在本行的信用卡数目：1-4 之间的整数。

（17）工作：A171.失业/无技能-非居民；A172.无技能-居民；A173.有技能的雇员/公务员；A174.管理者/个体经营者/高素质的员工/公务员。

（18）能提供信用保证的人数：1-2 之间的整数。

（19）电话：A191.无；A192.有，用客户名字注册的电话。

（20）是否本国居民：A201.是；A202.否。

（21）信用：1.好各户；2.坏各户。

表 6.1 德国信用数据集的特征信息

序号	英文特征名	中文特征名	特征类型
1	Status of existing checking account	现有活期账户	定性（条件）
2	Duration in month	每月工作时间	数值（条件）
3	Credit history	信用卡历史	定性（条件）
4	Purpose	借贷目的	定性（条件）
5	Credit amount	信用卡金额	数值（条件）
6	Savings account/bonds	定期存款/债券	定性（条件）
7	Present employment since	工作年限	定性（条件）
8	Installment rate in percentage of disposable income	按期还款占可自由支配收入的比率	数值（条件）
9	Personal status and sex	性别和婚姻状态	定性（条件）
10	Other debtors/guarantors	其他债务人/担保人	定性（条件）
11	Present residence since	居住年限	数值（条件）
12	Property	财产	定性（条件）
13	Age in years	年龄	数值（条件）
14	Other installment plans	其他分期付款计划	定性（条件）
15	Housing	住房	定性（条件）
16	Number of existing credits at this bank	在本行的信用卡数目	数值（条件）
17	Job	工作	定性（条件）
18	Number of people being liable to provide maintenance for	能提供信用保证的人数	数值（条件）
19	Telephone	电话	定性（条件）
20	Foreign worker	是否本国居民	定性（条件）
21	Credit	信用	定性（决策）

由于有 7 个特征不是定性类型，属于数值类型，故需要进行预处理。其中有 4 个特征，即（8）、（11）、（16）和（18），其取值分别是 1 到 4 之间的整数，数目有限，故可直接看作定性类型处理；另外 3 个特征即（2）、（5）和（13），它们的取值范围较宽，故要进行数据离散化。

6.2.2 数据离散化

针对以上三个特征，利用 Weka 3 工具进行离散化操作，每个特征都简单划分成 7 个箱（区间）。为了考察这三个特征的离散化工作成效，利用统计学中的交叉表分析，得到它们取值范围内好、坏客户的分布状况，并且计算好客户发生比。

（1）每月工作时间。在研究的 1000 个样本中，每月工作时间在 4-14 小时之间的客户共有 363 名，其中好客户占 79.06%，坏客户占 20.94%，好客户发生比=好客户数/坏客户数=3.78/1；“15-23”之间的好客户发生比=2.38/1；其余见表 6.2。

表 6.2 “每月工作时间”各特征值数及发生比

特征值	好客户数	坏客户数	好客户百分比/%	坏客户百分比/%	好客户发生比
4-14	287	76	79.06	20.94	3.78/1
15-23	157	66	70.40	29.60	2.38/1
24-33	168	76	68.85	31.15	2.21/1
34-43	58	42	58.00	42.00	1.38/1
44-53	22	32	40.74	59.26	0.69/1
54-62	8	7	—	—	—
63-72	0	1	—	—	—

从表 6.2 中可以看到：总体上，随着每月工作时间的增大，客户的违约风险减少，每月工作 14 小时以下的风险最高。但是一些特征值的发生比差别很小，这表示具有此类特征值的客户信用行为也相似，为了减少特征项的数目，应将它们合并；另一些特征值所包含的样本数量较少，这样计算出来的发生比不具有稳健性，也需要将它们进行合并。

一个较为合理的合并方法是：

1）将两个样本数量小的特征值——“54-62”和“63-72”合并成一组，称为“54-72”，然后重新计算，得到其发生比为 1.00/1；

2）“15-23”和“24-33”的发生比比较接近，将它们合并成一组，称为“15-33”。这样，重新合并后的特征值及好、坏客户分布见表 6.3。

表 6.3 “每月工作时间”合并后结果

区间值	好客户频数	坏客户频数	好客户频率/%	坏客户频率/%	好客户发生比
4-14	287	76	79.06	20.94	3.78/1
15-33	325	142	69.59	30.41	2.29/1
34-43	58	42	58.00	42.00	1.38/1
44-53	22	32	40.74	59.26	0.69/1
54-72	8	8	50.00	50.00	1.00/1

在表 6.3 中，特征项“54-72”的样本数仍然较少，可以进一步考虑合并该特征项。既可以将其与特征项“44-53”合并（称为方法 1），也可以与特征项“34-43”和“44-53”一起合并（称为方法 2）。方法 1 和方法 2 的合并结果见表 6.4 和表 6.5。至于哪种合并结果比较好，在下面讨论。

表 6.4 方法 1 合并结果

区间值	好客户频数	坏客户频数	好客户频率/%	坏客户频率/%	好客户发生比
4-14	287	76	79.06	20.94	3.78/1
15-33	325	142	69.59	30.41	2.29/1
34-43	58	42	58.00	42.00	1.38/1
44-72	30	40	42.86	57.14	0.75/1

表 6.5 方法 2 合并结果

区间值	好客户频数	坏客户频数	好客户频率/%	坏客户频率/%	好客户发生比
4-14	287	76	79.06	20.94	3.78/1
15-33	325	142	69.59	30.41	2.29/1
34-72	88	82	51.76	48.24	1.07/1

可以说，对特征值进行合并的主要目的是使同一个特征的不同特征值之间客户的信用行为存在明显差异，从而能够很好地区分好客户和坏客户。那么，经过分组后是否达到了这种效果，可以采用统计学中使用较普遍的指标 χ^2 统计量来进行衡量。

定义 6.1 （χ^2 统计量）[258] 设某一个特征变量有 K 个特征项，g_i 和 b_i 分别表示特征项 i 中好客户和坏客户的个数，g 和 b 分别表示好客户和坏客户总数。令

$$\hat{g}_i = \frac{(g_i + b_i)g}{g+b}, \quad \hat{b}_i = \frac{(g_i + b_i)b}{g+b}$$

则统计量

$$s^2 = \sum_i \left\{ \frac{(g_i - \hat{g}_i)^2}{\hat{g}_i} + \frac{(b_i - \hat{b}_i)^2}{\hat{b}_i} \right\} \tag{6.1}$$

服从自由度为 K-1 的 χ^2 分布。

可以将 s^2 用于比较不同的合并结果中好、坏客户比率差异的大小。s^2 的值越大，对应的分组中各特征项的好、坏客户比率差异也越大。

现在就用 χ^2 统计量对表 6.4（方法 1）和表 6.5（方法 2）进行考察。

方法 1：

$$\hat{g}_{4-14} = (287+76) \times \frac{700}{1000} = 254.1，\quad \hat{b}_{4-14} = (287+76) \times \frac{300}{1000} = 108.9$$

$$\hat{g}_{15-33} = (325+142) \times \frac{700}{1000} = 326.9，\quad \hat{b}_{15-33} = (325+142) \times \frac{300}{1000} = 140.1$$

$$\hat{g}_{34-43} = (58+42) \times \frac{700}{1000} = 70，\quad \hat{b}_{34-43} = (58+42) \times \frac{300}{1000} = 30$$

$$\hat{g}_{44-72} = (30+40) \times \frac{700}{1000} = 49，\quad \hat{b}_{44-72} = (30+40) \times \frac{300}{1000} = 21$$

$$s^2 = \frac{(287-254.1)^2}{254.1} + \frac{(76-108.9)^2}{108.9} + \frac{(325-326.9)^2}{326.9} + \frac{(142-140.1)^2}{140.1} + \frac{(58-70)^2}{70} + \frac{(42-30)^2}{30} + \frac{(30-49)^2}{49} + \frac{(40-21)^2}{21} = 45.65$$

方法 2：

$$\hat{g}_{4-14} = (287+76) \times \frac{700}{1000} = 254.1，\quad \hat{b}_{4-14} = (287+76) \times \frac{300}{1000} = 108.9$$

$$\hat{g}_{15-33} = (325+142) \times \frac{700}{1000} = 326.9，\quad \hat{b}_{15-33} = (325+142) \times \frac{300}{1000} = 140.1$$

$$\hat{g}_{34-72} = (88+82) \times \frac{700}{1000} = 119，\quad \hat{b}_{34-72} = (88+82) \times \frac{300}{1000} = 51$$

$$s^2 = \frac{(287-254.1)^2}{254.1} + \frac{(76-108.9)^2}{108.9} + \frac{(325-326.9)^2}{326.9} + \frac{(142-140.1)^2}{140.1} + \frac{(88-119)^2}{119} + \frac{(82-51)^2}{51} = 41.15$$

由于方法 1 的 s^2 比方法 2 的 s^2 大，因此，方法 1 的合并结果较好。

（2）信用卡金额。信用卡金额是一个连续变量，离散化时将其划分为 7 档，其初步的交叉表见表 6.6。

表 6.6 “信用卡金额”各特征值数及发生比

区间值	好客户数	坏客户数	好客户百分比/%	坏客户百分比/%	好客户发生比
250-2846	436	163	72.79	27.21	2.67/1
2847-5443	167	65	71.98	28.02	2.57/1
5444-8039	65	34	65.66	34.34	1.91/1
8040-10635	21	16	56.76	43.24	1.31/1
10636-13231	7	13	35.00	65.00	0.54/1
13232-15828	3	7	—	—	—
15829-18424	1	2	—	—	—

从表 6.6 可以看到：总体上，随着信用卡金额的增大，客户的违约风险减少，金额在 2846DM 以下的风险最高。但是一些特征值的发生比差别很小，应将它们合并；另一些特征值所包含的样本数量较少，也需要将它们合并。

一个较为合理的合并方法是：

1）将三个样本数量小的特征值合并成一组，即把“10636-13231”，“13232-15828”和“15829-18424”进行合并，称为“10636-18424”，然后重新进行计算，得到其发生比为 0.5/1。

2）“250-2846”和“2847-5443”的发生比比较接近，将它们合并成一组，称为“250-5443”；这样，重新合并后的特征值及好、坏客户分布见表 6.7。

表 6.7 “信用卡金额”合并后结果

区间值	好客户数	坏客户数	好客户百分比/%	坏客户百分比/%	好客户发生比
250-5443	603	228	72.56	27.44	2.64/1
5444-8039	65	34	65.66	34.34	1.91/1
8040-10635	21	16	56.76	43.24	1.31/1
10636-18424	11	22	33.33	66.67	0.50/1

（3）年龄。“年龄”的分布为 19-75 岁。离散化时将其划分为 7 档，其初步的交叉表见表 6.8。

从表 6.8 可以看到：总体上，随着年龄的增大，客户的违约风险减少，年龄在 27 岁以下的风险最高。但也可以看到“68-75”所包含的样本数量较少，可将“60-67”与“68-75”合并成一组，称为“60-75”。重新合并后的特征值及好、坏客户的分布见表 6.9。

表 6.8 “年龄”各特征值数及发生比

区间值	好客户数	坏客户数	好客户百分比/%	坏客户百分比/%	好客户发生比
19-27	184	107	63.23	36.77	1.72/1
28-35	206	91	69.36	30.64	2.26/1
36-43	147	47	75.77	24.23	3.13/1
44-51	88	25	77.88	22.12	3.52/1
52-59	37	17	68.52	31.48	2.18/1
60-67	31	10	75.61	24.39	3.10/1
68-75	7	3	—	—	—

表 6.9 “年龄”合并后结果

区间值	好客户数	坏客户数	好客户百分比/%	坏客户百分比/%	好客户发生比
19-27	184	107	63.23	36.77	1.72/1
28-35	206	91	69.36	30.64	2.26/1
36-43	147	47	75.77	24.23	3.13/1
44-51	88	25	77.88	22.12	3.52/1
52-59	37	17	68.52	31.48	2.18/1
60-75	38	13	74.51	25.49	2.92/1

通过上述方法对三个特征进行合并后，所有特征都成为了定性类型，它们在数据集中的最终取值及代码如下：

（1）每月工作时间：A21.4-14；A22.15-33；A23.34-43；A24.44-72。

（2）信用卡金额：A51.250-5443；A52.5444-8039；A53.8040-10635；A54.10636-18424。

（3）年龄：A131.19-27；A132.28-35；A133.36-43；A134.44-51；A135.52-59；A136.60-75。所有特征的最终取值情况见表 6.10。

表 6.10 所有特征的最终取值情况

序号	特征名	特征值
1	现有活期账户	A11.<0DM；A12.0-200DM；A13.≥200DM；A14.无账户
2	每月工作时间	A21.4-14；A22.15-33；A23.34-43；A24.44-72

续表

序号	特征名	特征值
3	信用卡历史	A30.无信用卡；A31.本银行所有信用卡均如期偿还；A32.迄今为止的信用卡均如期偿还；A33.过去有延期偿还；A34.危险账户/其他已有信用卡（非本行）
4	借贷目的	A40.新车；A41.旧车；A42.家具/设备；A43.收音机/电视机；A44.家用电器；A45.修理；A46.教育；A47.度假；A48.再培训；A49.商业；A410.其他
5	信用卡金额	A51.250-5443；A52.5444-8039；A53.8040-10635；A54.10636-18424。
6	定期存款/债券	A61.<100DM；A62.100-500DM；A63.500-1000DM；A64.≥1000DM；A65.未知/无定期存款
7	工作年限	A71.失业；A72.<1 年；A73.1-3 年；A74.4-6 年；A75.≥7 年
8	按期还款占可自由支配收入的比率	1；2；3；4
9	性别和婚姻状态	A91.男性,离婚/分居；A92.女性，离婚/分居/已婚；A93.男性，单身；A94.男性，已婚/鳏居；A95.女性，单身
10	其他债务人/担保人	A101.无；A102.联合投保人；A103.担保人
11	居住年限	1；2；3；4
12	财产	A121.不动产；A122.若无 A121，但有定期存单/人寿保险；A123.若无 A121/A122，但有车/其他；A124.未知/无财产
13	年龄	A131.19-27；A132.28-35；A133.36-43；A134.44-51；A135.52-59；A136.60-75
14	其他分期付款计划	A141.银行；A142.商店；A143.无
15	住房	A151.租用；A152.自己的；A153.免费
16	在本行的信用卡数目	1；2；3；4
17	工作	A171.失业/无技能-非居民；A172.无技能-居民；A173.有技能的雇员/公务员；A174.管理者/个体经营者/高素质的员工/公务员
18	能提供信用保证的人数	1；2
19	电话	A191.无；A192.有，用客户名字注册的电话
20	是否本国居民	A201.是；A202.否

下面的工作，就是在这个离散化的数据集上，测试三种算法 HSACO、DPPSO 和 NDABC，并对测试结果进行分析和比较，考察这三种算法在实际信用评分数据集上进行指标筛选的效果。

6.3 基于群智能和粗糙集的特征选择在信用评分中的应用

6.3.1 实验环境

三种算法均采用 Matlab 2013a 工具实现，并运行在个人计算机上，配置 i5-3470 CPU，8GB 内存，操作系统是 64 位 Windows 7。

为了检验三种算法在银行信用评分系统中的性能，每种算法都对数据集进行 20 次测试，并与其他四种特征选择算法（QUICKREDUCT 算法[10]、MIBARK[15] 算法、JSACO 算法[47]和 IDS 算法[49]）进行比较。JSACO、HSACO、IDS、DPPSO 和 NDABC 算法所需参数见表 6.11，其中 N 为数据集的条件特征数。

表 6.11 JSACO、HSACO、IDS、DPPSO 和 NDABC 算法的参数设置

JSACO 算法	HSACO 算法	IDS 算法	DPPSO 算法	NDABC 算法
种群大小 $M=N/2$	$M=\sqrt{N}$	M=20	M=20	P=50
最大迭代数 MCN=200	MCN=200	MCN=200	MCN=200	MCN=200
初始信息素 $\tau_0=0.5$	$\tau_0=0.5$	$C_w=0.1$	$JUMP$=10	$limit$=10
信息素浓度因子 $\alpha=1$	$\alpha=0.9$	$C_p=0.4$	$C_w=0.2$	$\alpha=0.91$
启发式信息因子 $\beta=0.1$	$\beta=0.1$	$C_g=0.9$	$C_p=0.4$	
信息素挥发系数 $\rho=0.9$	$\rho=0.9$	$\alpha=0.9$	$C_g=0.7$	
信息素强度 Q=50	Q=50	$\beta=0.1$	$\alpha=0.9$	
	最小信息素挥发系数 $\rho_{min}=0.01$		$\beta=0.1$	
	精英蚂蚁数 $\sigma=1$			

其中，M 或 P 表示种群大小，MCN 表示最大迭代数。IDS 和 DPPSO 算法中：α 表示分类能力重要因子，β 表示特征子集长度重要因子，C_w、C_p 和 C_g 为 3 个可调参数，$JUMP$ 为跳跃阈值。NDABC 算法中：$limit$ 为控制参数，α 表示分类能力重要因子。

从表 6.11 中可以看出，HSACO 算法需要 9 个参数，所需参数最多，NDABC 算法需要 4 个参数，所需参数最少。

6.3.2 测试过程及结果分析

七种算法的测试结果见表 6.12。

表 6.12 七种算法在信用评分上的测试与比较结果

序号	算法	测试结果	特征子集平均长度	最优特征子集长度
1	QUICKREDUCT	12^{20}	12	12
2	MIBARK	11^{20}	11	11
3	JSACO	$12^{16}13^{4}$	11.7	12
4	HSACO	$10^{3}11^{17}$	10.85	10
5	IDS	$10^{8}11^{11}13^{1}$	10.7	10
6	DPPSO	$10^{11}11^{9}$	10.45	10
7	NDABC	$10^{18}11^{2}$	10.1	10

在表 6.12 中，第 2 和 3 行分别是启发式方法中基于正域的 QUICKREDUCT 算法和基于互信息的 MIBARK 算法，第 4 和 5 行分别是群智能算法中基于蚁群优化的 JSACO 算法和 HSACO 算法，第 6 和 7 行分别是基于粒子群优化的 IDS 算法和 DPPSO 算法，第 8 行是基于人工蜂群的 NDABC 算法。

第 2 列是算法名称，第 3 列是 20 次测试结果，第 4 列是测试得到的特征子集平均长度，第 5 列是测试得到的最优特征子集长度。

从表 6.12 中可以发现：在 20 次测试中，启发式方法（QUICKREDUCT 算法和 MIBARK 算法）作为确定性算法，每次都能得到完全一致的解，而群智能算法常常得到不同的特征子集。在以上七种算法中，启发式方法得到的特征子集平均长度较大，而群智能算法（JSACO 算法除外）得到的特征子集平均长度较小，优于启发式方法。同时，在五种群智能算法中，NDABC 算法得到的特征子集平均长度最小；两种 ACO 算法中，第 3 章提出的 HSACO 算法优于 JSACO 算法；两种 PSO 算法中，第 4 章提出的 DPPSO 优于 IDS 算法。总的来说，群智能算法（JSACO 算法除外）能够找到基数较少的特征子集，优于启发式方法。

下面具体介绍本书中提出的三种群智能算法的测试过程及结果比较。

（1）HSACO 算法测试结果。在处理后的数据集上运行 HSACO 算法，得到 11 组特征子集。为了验证 HSACO 算法所选择特征子集的分类能力，引入流行的 LEM2[248]分类学习算法，以 10 折交叉验证来评价特征子集的分类能力，结果见表 6.13。

表 6.13 HSACO 算法得到的特征子集及其分类能力

名称	特征列表	特征数	分类能力
第 1 组特征子集	{1,2,4,7,8,**9**,11,12,**14**,17}	10	0.7320±0.0447
第 2 组特征子集	{1,2,3,4,7,8,**9**,11,12,13,**14**}	11	0.6900±0.0539
第 3 组特征子集	{1,2,3,4,7,**9**,11,12,13,**14**,16}	11	0.7120±0.0286
第 4 组特征子集	{1,2,3,4,7,**9**,11,12,13,**14**,17}	11	0.7220±0.0247
第 5 组特征子集	{1,2,4,5,7,8,**9**,11,12,13,**14**}	11	0.7060±0.0332
第 6 组特征子集	{1,2,4,7,8,**9**,10,11,12,13,**14**}	11	0.7010±0.0464
第 7 组特征子集	{1,2,4,7,8,**9**,11,12,13,**14**,17}	11	0.7060±0.0400
第 8 组特征子集	{1,3,4,7,8,**9**,11,12,13,**14**,19}	11	0.6930±0.0408
第 9 组特征子集	{1,4,5,7,8,**9**,11,12,13,**14**,17}	11	0.6850±0.0364
第 10 组特征子集	{1,4,5,7,8,**9**,11,12,13,**14**,19}	11	0.6950±0.0385
第 11 组特征子集	{1,4,7,8,**9**,10,11,12,13,**14**,19}	11	0.6850±0.0344
原始特征集	{1,2,3,4,5,6,7,8,9,10,11,12,13,14,15,16,17,18,19,20}	20	0.6830±0.0367

由表 6.13 可以看出：HSACO 算法经过 20 次测试共得到 11 组特征子集。在 11 组特征子集中，除了第 1 组的特征数为 10，其余各组的特征数均为 11，可见这些特征子集所包含的特征数均少于原有特征集合的特征数。同时，对每一个数据集，HSACO 算法得到的特征子集的分类能力都大于原始特征集合的分类能力。这充分说明算法是有效的，并且能够消除噪声，使分类能力得到提升。另外，所有特征子集都有两个共有特征（加粗显示）：**9-性别和婚姻状态，14-其他分期付款计划**，它们是 HSACO 算法得到的特征核。

下面，需要从测试得到的 11 组特征子集中，挑选出最优特征子集。遵循特征子集所包含的特征数最少和特征子集的分类能力最高的原则，选择第 1 组特征子集，即最优特征子集为{1,2,4,7,8,9,11,12,14,17}，HSACO 算法在该特征子集上的搜索过程见表 6.14。

表 6.14 HSACO 算法在特征子集{1,2,4,7,8,9,11,12,14,17}上的搜索过程

迭代数	当前最优解	特征长度
1-13	1,2,3,4,7,9,11,12,13,14,17	11
14-200	1,2,4,7,8,9,11,12,14,17	10

可以看到，HSACO 算法收敛速度很快，在第 14 次迭代时就得到全局最优解。

（2）DPPSO 算法测试结果。在处理后的数据集上运行 DPPSO 算法，得到

13 组特征子集，同时引入流行的 LEM2 分类学习算法，以 10 折交叉验证来评价特征子集的分类能力，结果见表 6.15。

表 6.15 DPPSO 算法得到的特征子集及其分类能力

名称	特征列表	特征数	分类能力
第 1 组特征子集	{1,2,3,4,7,8,**9**,11,**14**,17}	10	0.7250±0.0269
第 2 组特征子集	{1,2,4,7,8,**9**,11,12,**14**,17}	10	0.7320±0.0447
第 3 组特征子集	{1,2,3,4,6,7,**9**,11,12,**14**,16}	11	0.7200±0.0542
第 4 组特征子集	{1,2,3,4,6,8,**9**,11,12,13,**14**}	11	0.7360±0.0344
第 5 组特征子集	{1,2,3,4,5,8,**9**,11,12,13,**14**}	11	0.6930±0.0344
第 6 组特征子集	{1,2,3,4,7,8,**9**,11,12,13,**14**}	11	0.6900±0.0539
第 7 组特征子集	{1,2,3,6,7,8,**9**,11,12,13,**14**}	11	0.7240±0.0383
第 8 组特征子集	{1,2,4,5,6,7,8,**9**,12,13,**14**}	11	0.7040±0.0380
第 9 组特征子集	{1,2,4,5,8,**9**,11,12,13,**14**,15}	11	0.6910±0.0341
第 10 组特征子集	{1,3,4,5,7,8,**9**,11,12,13,**14**}	11	0.7000±0.0363
第 11 组特征子集	{1,3,4,6,7,8,**9**,11,12,**14**,19}	11	0.7060±0.0415
第 12 组特征子集	{1,3,6,7,8,**9**,11,12,13,**14**,19}	11	0.6940±0.0422
第 13 组特征子集	{2,3,4,6,7,8,**9**,11,12,13,**14**}	11	0.6950±0.0474
原始特征集	{1,2,3,4,5,6,7,8,9,10,11,12,13,14,15,16,17,18,19,20}	20	0.6830±0.0367

由表 6.15 可以看出：DPPSO 算法经过 20 次测试一共得到 13 组特征子集。这些特征子集所包含的特征数均少于原有特征集合的特征数，并且对每一个数据集，DPPSO 算法得到的特征子集的分类能力都大于原始特征集合的分类能力，说明算法是有效的。因为它不仅能够得到特征数较少的特征子集，而且能够消除噪声，使分类能力得到提升。同时，所有特征子集都有两个共有特征（加粗显示）：**9-性别和婚姻状态，14-其他分期付款计划**，它们是 DPPSO 算法得到的特征核。

在这 13 组特征子集中，第 2 和 6 组与 HSACO 算法得到的结果是一致的。同时，第 1 组和第 2 组的特征子集长度均为 10，且第 2 组特征子集的分类能力高于第 1 组特征子集的分类能力。遵循特征子集特征数最少且分类能力最高的原则，优选第 2 组特征子集，即{1,2,4,7,8,9,11,12,14,17}作为最优特征子集。这就是说，DPPSO 算法和 HSACO 算法得到完全一致的最优特征子集。

DPPSO 算法在该特征子集{1,2,4,7,8,9,11,12,14,17}上的搜索过程见表 6.16。可以看到，DPPSO 算法收敛速度很快，在第 11 次迭代时就得到全局最优解。

表 6.16 DPPSO 算法在特征子集{1,2,4,7,8,9,11,12,14,17}上的搜索过程

迭代数	当前最优解	特征长度
1-5	1,3,4,5,7,8,9,11,12,13,14,17	12
6-10	1,2,4,7,8,9,11,12,14,17,19	11
11-200	1,2,4,7,8,9,11,12,14,17	10

（3）NDABC 算法测试结果。在处理后的数据集上运行 NDABC 算法，得到 9 组特征子集，同时引入 LEM2 分类学习算法，以 10 折交叉验证来评价特征子集的分类能力，结果见表 6.17。

表 6.17 NDABC 算法得到的特征子集及其分类能力

名称	特征列表	特征数	分类能力
第 1 组特征子集	{1,2,3,4,7,8,**9**,11,**14**,17}	10	0.7250±0.0269
第 2 组特征子集	{1,2,4,7,8,**9**,11,12,**14**,17}	10	0.7320±0.0447
第 3 组特征子集	{1,2,3,4,5,8,**9**,11,12,13,**14**}	11	0.6930±0.0344
第 4 组特征子集	{1,2,3,4,6,7,**9**,11,12,**14**,19}	11	0.7180±0.0226
第 5 组特征子集	{1,2,4,5,8,**9**,11,12,13,**14**,15}	11	0.6910±0.0341
第 6 组特征子集	{1,2,4,7,8,**9**,10,11,12,13,**14**}	11	0.7010±0.0464
第 7 组特征子集	{1,4,7,8,**9**,10,11,12,13,**14**,19}	11	0.6850±0.0344
第 8 组特征子集	{2,3,4,6,8,**9**,10,11,12,13,**14**}	11	0.7260±0.0400
第 9 组特征子集	{2,3,4,7,**9**,10,11,12,13,**14**,16}	11	0.7050±0.0350
原始特征集	{1,2,3,4,5,6,7,8,9,10,11,12,13,14,15,16,17,18,19,20}	20	0.6830±0.0367

由表 6.17 可以看出：NDABC 算法经过 20 次测试一共得到 9 组特征子集。这些特征子集所包含的特征数少于原有特征集合的特征数，并且对每一个数据集，NDABC 算法得到的特征子集的分类能力都大于原始特征集合的分类能力，说明算法是有效的。因为它不仅能够得到特征数较少的特征子集，而且能够消除噪声，使分类能力得到提升。同时，所有特征子集都有两个共有特征（加粗显示）：**9-性别和婚姻状态，14-其他分期付款计划**，它们是 NDABC 算法得到的特征核。

在这 9 组特征子集中，第 1、2、3、5、6 和 7 组与 HSACO 和 DPPSO 算法得到的结果是一致的。同时，第 1 组和第 2 组的特征子集长度均为 10，且第 2 组特征子集的分类能力高于第 1 组特征子集的分类能力。遵循特征子集特征数最少且分类能力最高的原则，优选第 2 组特征子集，即{1,2,4,7,8,9,11,12,14,17}作为最优特征子集。这就是说，三种算法得到完全一致的最优特征子集。

NDABC 算法在该特征子集{1,2,4,7,8,9,11,12,14,17}上的搜索过程见表 6.18。可以看到，NDABC 算法收敛速度较快，在第 50 次迭代时就得到全局最优解。

表 6.18　NDABC 算法在特征子集{1,2,4,7,8,9,11,12,14,17}上的搜索过程

迭代数	当前最优解	特征长度
1-1	1,2,3,6,7,8,9,11,13,14,16,17,19,20	14
2-15	1,2,3,6,7,8,9,11,13,14,17,19,20	13
16-16	1,3,6,7,8,9,11,12,13,14,16,19	12
17-49	1,3,6,7,8,9,11,12,13,14,19	11
50-200	1,2,4,7,8,9,11,12,14,17	10

（4）三种群智能算法的结果比较与分析。通过特征选择，三种算法都从原始的 20 个特征中筛选出一致的 10 个特征，剔除了一些无关的冗余特征，得到最优特征子集{1,2,4,7,8,9,11,12,14,17}，简化了个人信用评分指标体系。筛选后的信用评分指标有：1-现有活期账户，2-每月工作时间，4-借贷目的，7-工作年限，8-按期还款占可自由支配收入的比率，**9-性别和婚姻状态**，11-居住年限，12-财产，**14-其他分期付款计划**，17-工作。同时，由这 10 个特征组成的最优特征子集的分类能力大于原始特征集合的分类能力，说明三种算法得到的指标都是有效的，而且能够消除噪声，使分类能力得到提升。

下面，从三种群智能算法所需参数个数、得到特征子集的平均长度和收敛速度三个方面进行比较。

首先，三种群智能算法所需参数个数。由表 6.11 可知：HSACO 算法需要 9 个可调参数，DPPSO 算法需要 8 个可调参数，NDABC 算法需要 4 个可调参数，故 NDABC 算法所需参数最少。

其次，三种群智能算法得到特征子集的平均长度。由表 6.12 可知：NDABC 算法得到特征子集的平均长度最短，HSACO 算法得到特征子集的平均长度最长，DPPSO 算法介于两者之间。

最后，三种群智能算法的收敛速度。由表 6.14、表 6.16 和表 6.18 比较可知：DPPSO 算法和 HSACO 算法收敛速度几乎一致，均比 NDABC 算法快。

由此，结合三种群智能算法所需参数个数、得到特征子集的平均长度和收敛速度三个方面综合考虑，可以得出结论：在德国信用数据集上，三种算法都成功收敛得到完全一致的最优特征子集。HSACO 算法所需参数最多，得到的特征子集平均长度最长，但收敛速度最快；DPPSO 算法所需参数与 HSACO 算法相当，得到特征子集的平均长度较短，收敛速度与 HSACO 算法几乎一致；NDABC 算法所需参数最少，得到的特征子集平均长度最短，但收敛速度较慢。所以，三种

群智能算法对于信用评分指标的筛选是有效的，且各具特色。

6.4 本章小结

本章简单介绍个人信用评分的概念和发展，以及科学的信用评分指标体系应遵循的五个原则，同时指出特征选择可以用于信用评分指标的筛选。

本章的重点是讨论如何利用本书第 3 章、第 4 章和第 5 章提出的三种算法来进行指标筛选。首先采用 UCI 机器学习数据库中的德国信用数据集，经过数据预处理，运行三种算法得到多组特征子集。然后，对多组结果计算其分类能力，从中优选出特征数最少且分类能力最强的最优特征子集。同时，分析三种算法在最优特征子集上的搜索过程，结合算法所需参数的个数，进行比较分析。最后，得出结论：三种算法对于信用评分指标的筛选是有效的，并各具特色。

第 7 章　面向大数据的高维数据特征选择

7.1　高维数据特征选择

伴随着大数据时代的来临，人们每天淹没在与日俱增的海量数据中。实际上，大数据时代带来的不仅仅是海量数据，更多的是数据的复杂性和维度的多样性。特别是随着互联网用户行为数据的收集，描述个体的角度变得越来越丰富多彩，即用户所面对的数据常常具有成百上千（或更多）的特征，称之为高维数据。对于机器学习任务而言，高维数据中大量信息是与任务无关或冗余的，这些信息的存在会增加机器学习算法的时间和空间复杂度。因此，对于高维数据进行特征选择势在必行。

然而，已有的特征选择算法很多是针对低维数据集，它们的特征数目常常低于 100。随着数据集特征不断增多，拥有成百上千（或更多）特征的高维数据集，对现有特征选择算法带来巨大冲击。

目前，很多学者致力于高维数据的特征选择研究。2010 年，Gheyas 等[266]提出一种混合算法。该算法结合四种算法的优点：模拟退火算法避免算法陷入局部最优，具有交叉算子的 GA 算法能够快速收敛，贪婪算法局部搜索能力强，广义回归神经网络计算效率高，四种算法的融合可以来弥补算法相互间的不足，不仅得到更好的最优特征子集，而且能够降低时间复杂度。由此说明，对于高维数据特征选择，多种方法的融合是一种非常有效的途径。

本书前几章提出的三种算法，已将群智能算法、粗糙集和其他一些方法（如：反向学习、禁忌搜索等）进行融合，并对 UCI 机器学习数据库[246]中选取的 18 个离散数据集和德国信用数据集进行测试，取得满意的效果。但这些数据集的特征数目均较少，其中特征数最多的数据集 Audiology 才有 68 个特征。那么，本书提出的三种算法在高维数据上进行特征选择的性能如何，犹未可知。因此，下面将针对一些高维数据集进行测试。

7.2　实验数据

从 UCI 机器学习数据库[246]上选取 8 个高维数据集进行测试，由于有几个数据集存在部分数据缺失，故采用 Weka 3 工具[247]进行补齐，同时，对于多个数据集中的连续特征也采用 Weka 3 工具进行离散化，最终得到 8 个相容、完备的单决策表，符合算法测试要求，数据集的处理情况见表 7.1。

表 7.1 高维数据集

序号	数据集	实例数	条件特征数	最优特征子集的特征数	特征蒸发率/%	数据缺失比例/%	解决方法
1	Arrhythmia	452	278	4	98.56	0.5	取众数
2	Hill	606	100	14	86	0	
3	Isolet	7797	617	8	98.71	0	
4	Micromass	931	1300	63	95.15	0	
5	Musk1	476	166	6	96.37	0	
6	Musk2	6598	166	13	92.17	0	
7	Secom	1567	590	6	98.98	4.67	取众数
8	Semeion	1593	256	18	92.97	0	

在表 7.1 中，列出各数据集名称、实例数和条件特征数、最优特征子集特征数、特征蒸发率、数据缺失比例和采用 Weka 3 工具进行补齐的具体方法。其中，特征蒸发率=（1–最优特征子集的特征数/条件特征数）×100%，表示特征选择之后该数据集所涉及特征数目的减少程度。可以看到：8 个数据集的特征数目都大幅度减少，各数据集的特征蒸发率均在 85%以上，其中蒸发率最高的是数据集 Secom，达到 98.98%，由此可见特征选择的重要性。

从表 7.1 的 8 个数据集所包含的条件特征数目来看，有 5 个数据集（Arrhythmia、Hill、Musk1、Musk2 和 Semeion）的条件特征数小于 300，剩余的 3 个数据集（Isolet、Micromass 和 Secom）条件特征数较多，均在 500 以上，特别是数据集 Micromass，其特征数目达到 1300。同时，有 3 个数据集规模较大，其条件特征数与实例数的乘积超过 1000000，它们是 Isolet、Micromass 和 Musk2。由此可见，这 8 个离散数据集基本上涵盖各种类型，有利于算法的测试。

7.3 基于群智能和粗糙集的特征选择在高维数据中的应用

7.3.1 实验环境

三种算法均采用 Matlab 2013a 工具实现，并运行在个人计算机上，配置 i5-3470 CPU，8GB 内存，操作系统是 64 位 Windows 7。

为了检验三种算法在高维数据中的性能，每种算法都对数据集进行 20 次测试，并将三种算法与其他四种特征选择算法（QUICKREDUCT 算法[10]、MIBARK 算法[15]、JSACO 算法[47]和 IDS 算法[49]）进行比较。JSACO、HSACO、IDS、DPPSO 和 NDABC 算法所需参数见表 7.2，其中 N 为数据集的条件特征数。

表 7.2 JSACO、HSACO、IDS、DPPSO 和 NDABC 算法的参数设置

JSACO 算法	HSACO 算法	IDS 算法	DPPSO 算法	NDABC 算法
种群大小 $M=N/2$	$M=\sqrt{N}$	$M=20$	$M=20$	$P=50$
最大迭代数 $MCN=200$	$MCN=200$	$MCN=200$	$MCN=200$	$MCN=200$
初始信息素 $\tau_0=0.5$	$\tau_0=0.5$	$C_w=0.1$	$JUMP=10$	$limit=10$
信息素浓度因子 $\alpha=1$	$\alpha=0.9$	$C_p=0.4$	$C_w=0.2$	$\alpha=0.91$
启发式信息因子 $\beta=0.1$	$\beta=0.1$	$C_g=0.9$	$C_p=0.4$	
信息素挥发系数 $\rho=0.9$	$\rho=0.9$	$\alpha=0.9$	$C_g=0.7$	
信息素强度 $Q=50$	$Q=50$	$\beta=0.1$	$\alpha=0.9$	
	最小信息素挥发系数 $\rho_{min}=0.01$		$\beta=0.1$	
	精英蚂蚁数 $\sigma=1$			

其中，M 或 P 表示种群大小，MCN 表示最大迭代数。IDS 和 DPPSO 算法中：α 表示分类能力重要因子，β 表示基数重要因子，C_w、C_p 和 C_g 为 3 个可调参数，$JUMP$ 为跳跃阈值。NDABC 算法中：$limit$ 为控制参数，α 表示分类能力重要因子。从表 7.2 中可以看出，HSACO 算法所需参数最多，NDABC 算法所需参数最少。

7.3.2 测试过程及结果分析

各种算法的测试结果见表 7.3。在表 7.3 中，第 2 列是数据集名称，第 3 和 4 列分别是启发式方法中基于正域的 QUICKREDUCT（简称 QURE）算法和基于互信息的 MIBARK 算法，第 5 和 6 列分别是基于 ACO 的 JSACO 算法和 HSACO 算法，第 7 和 8 列分别是基于 PSO 的 IDS 算法和 DPPSO 算法，第 9 列是基于 ABC 的 NDABC 算法。

从表 7.3 中可以看出：在 20 次测试中，启发式方法（QUICKREDUCT 和 MIBARK）作为确定性算法，每次都能得到完全一致的解，而群智能算法（JSACO、HSACO、IDS、DPPSO 和 NDABC）常常能够得到不同的解。两种 ACO 算法中，第 3 章提出的 HSACO 算法明显优于 JSACO 算法，JSACO 算法在 Micromass 数据集上历经长时间迭代无法得出结果。两种 PSO 算法中，第 4 章提出的 DPPSO

明显优于 IDS 算法。因此，下面针对启发式方法（QURE 和 MIBARK）和本书中提出的三种群智能算法（HSACO、DPPSO 和 NDABC）的测试结果进行比较。

表 7.3　七种算法在高维数据上的测试与比较结果

序号	数据集	QURE	MIBARK	JSACO	HSACO	IDS	DPPSO	NDABC
1	Arrhythmia	5^{20}	4^{20}	4^{20}	4^{20}	$36^3 38^6 39^6 40^5$	$18^5 20^5 22^6 23^4$	$6^3 7^8 8^9$
2	Hill	17^{20}	14^{20}	$50^8 51^{12}$	$14^{14} 15^6$	$15^3 16^7 17^5 18^5$	$15^8 16^6 17^3 18^3$	$14^2 15^4 16^6 17^8$
3	Isolet	8^{20}	8^{20}	20^{20}	8^{20}	$144^{10} 146^2 147^2 151^6$	$108^6 113^7 114^7$	$8^2 9^{10} 10^8$
4	Micromass	83^{20}	65^{20}	—	$63^4 64^8 65^8$	$465^3 471^7 472^5 477^5$	$280^8 284^7 285^5$	$245^8 246^7 247^5$
5	Musk1	7^{20}	7^{20}	$11^2 12^{18}$	$6^2 7^{15} 8^3$	$14^4 15^5 16^6 17^5$	$13^2 14^8 15^5 16^5$	$8^4 9^8 10^8$
6	Musk2	15^{20}	14^{20}	$30^8 31^{12}$	$13^2 14^6 15^{12}$	$23^2 24^2 25^6 26^6 29^4$	$22^6 23^2 24^2 25^6 26^4$	$17^6 18^5 20^9$
7	Secom	6^{20}	7^{20}	7^{20}	6^{20}	$135^6 139^4 140^5 141^5$	$53^6 56^2 59^4 60^6 61^2$	$7^2 8^{15} 9^3$
8	Semeion	22^{20}	18^{20}	$31^{12} 32^8$	$18^{13} 19^7$	$29^8 31^2 34^2 35^6 36^2$	$26^5 27^3 28^2 29^6 30^4$	$20^4 21^6 22^5 24^5$

注：符号“—”表示 JSACO 算法在 Micromass 数据集上无法得出结果。

为了便于对上述五种算法进行比较，针对表 7.3 绘制 Excel 图表形式，如图 7.1 所示。

从图 7.1 可以发现：在 8 个数据集上，两种启发式方法得到的特征子集平均长度均较小，而三种群智能算法中 HSACO 算法效果最好，NDABC 算法次之，DPPSO 算法效果最差，得到特征子集平均长度最长。与表 7.1 中的最优特征子集长度比对后发现：两种启发式方法常常得到次优特征子集，无法得到最优特征子集。QURE 算法仅在数据集（Isolet 和 Secom）上得到最优特征子集，MIBARK 算法效果稍好，但在数据集（Micromass、Musk1、Musk2 和 Secom）上仍然不能得到最优特征子集。三种群智能算法中 HSACO 算法性能最好，8 个数据集上都能在 200 次迭代内得到最优特征子集。DPPSO 和 NDABC 算法，当迭代次数增加到 2000 次后，均可以得到最优特征子集。总的来说，群智能算法能够找到基数较少的特征子集，优于启发式方法。

下面从三种群智能算法的 20 次测试结果中，分别取出收敛最快的一次即最好情况下的测试结果进行比较。观察在 2000 次迭代过程中，它们得到特征子集的变化情况，以此来比较三种群智能算法的收敛速度，具体如图 7.2 所示。

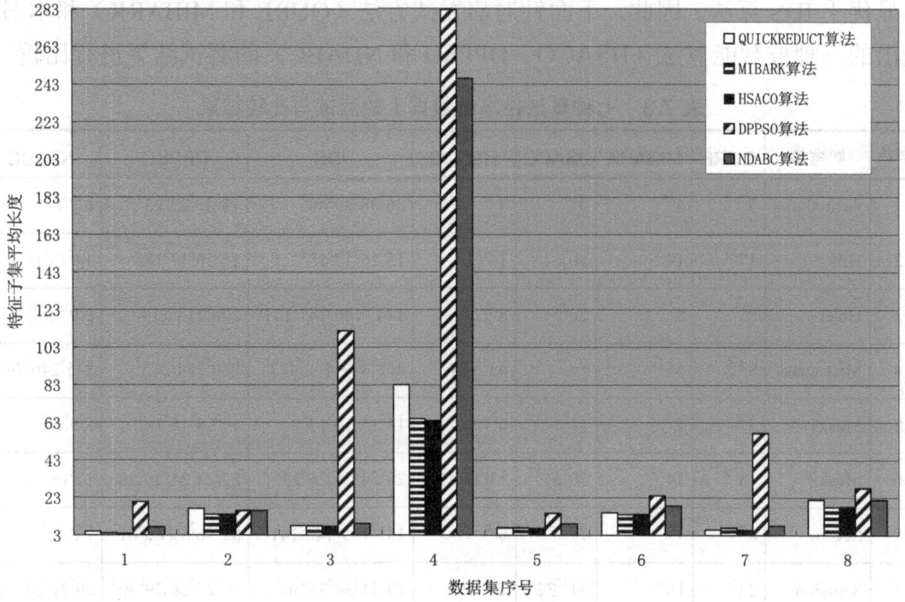

图 7.1　五种算法的测试结果比较

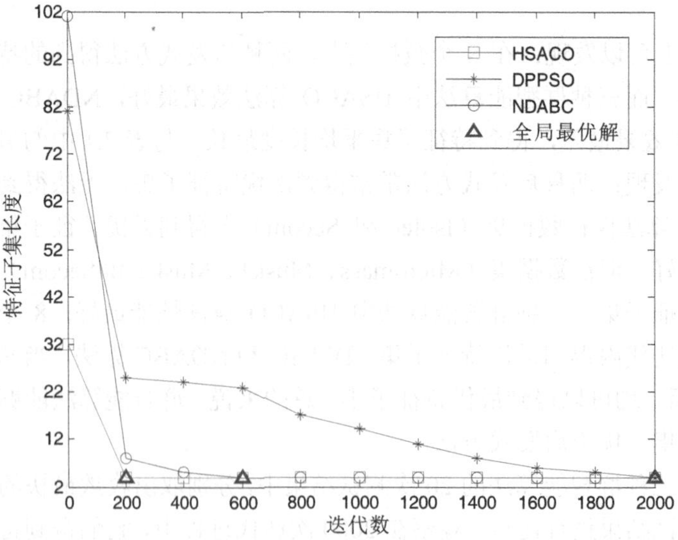

（1）Arrhythmia

图 7.2　三种群智能算法在高维数据集上得到特征子集的迭代过程

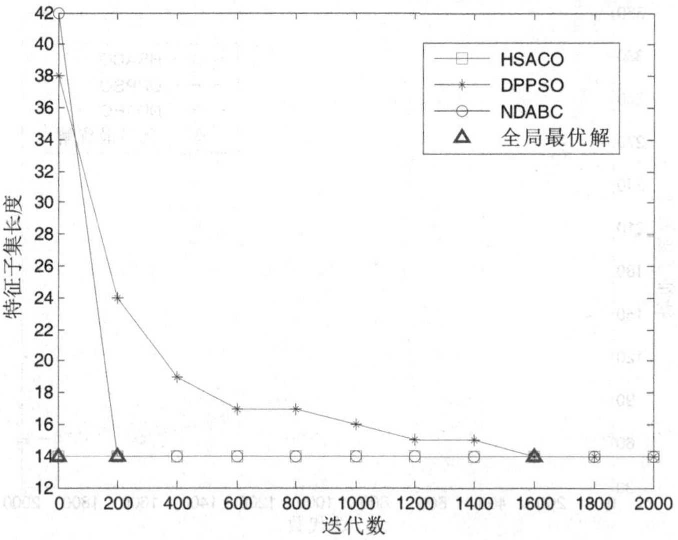

（2）Hill

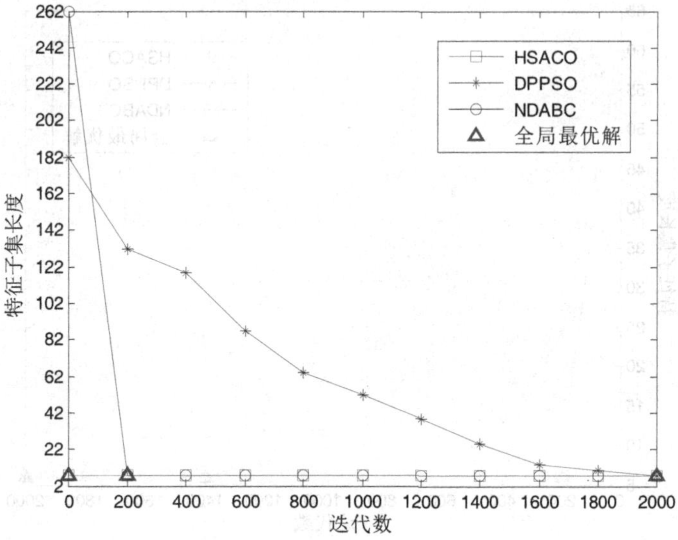

（3）Isolet

图 7.2　三种群智能算法在高维数据集上得到特征子集的迭代过程（续图）

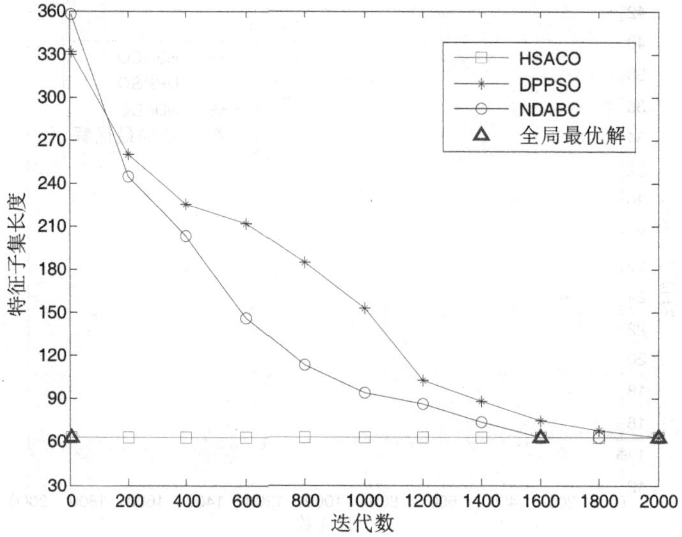

（4）Micromass

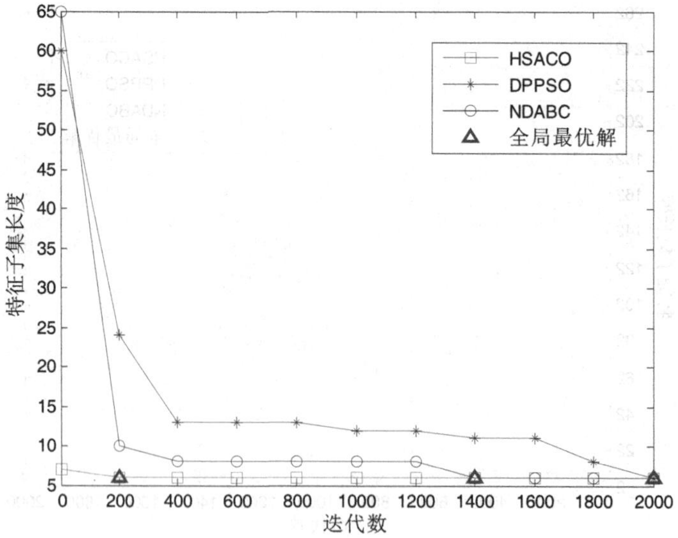

（5）Musk1

图 7.2　三种群智能算法在高维数据集上得到特征子集的迭代过程（续图）

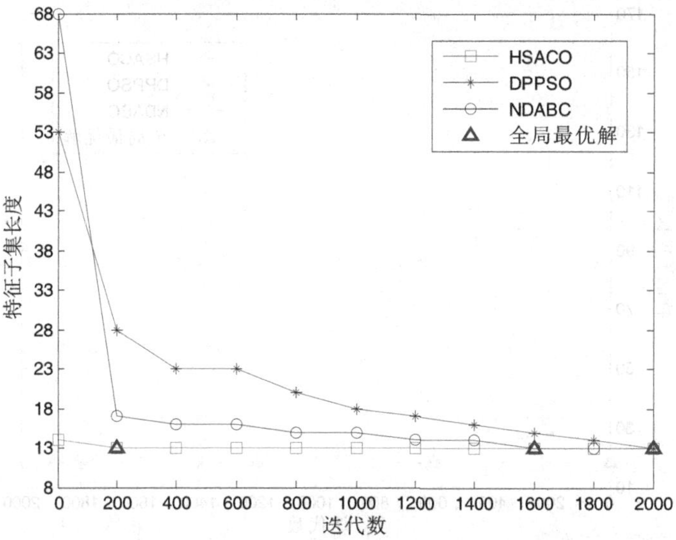

（6）Musk2

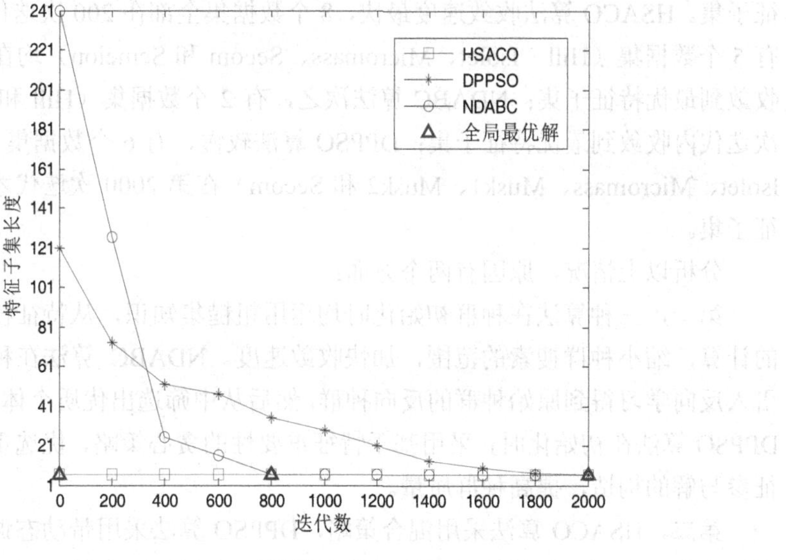

（7）Secom

图 7.2　三种群智能算法在高维数据集上得到特征子集的迭代过程（续图）

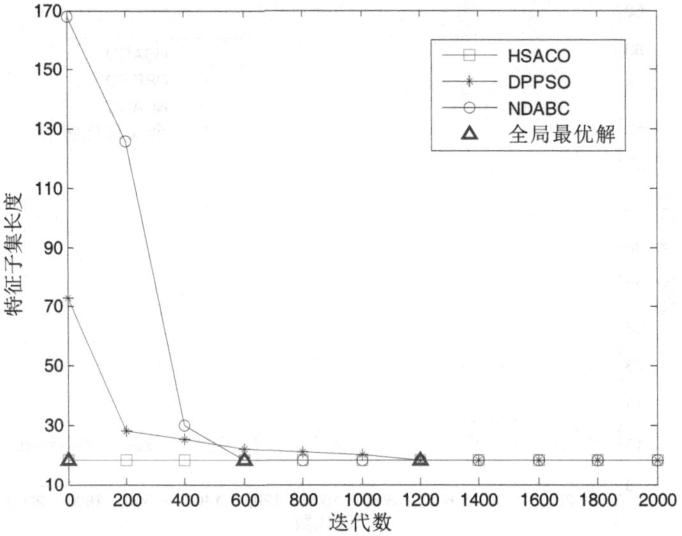

（8）Semeion

图 7.2　三种群智能算法在高维数据集上得到特征子集的迭代过程（续图）

从图 7.2 中可以发现：三种群智能算法在 8 个数据集上都成功收敛到最优特征子集。HSACO 算法收敛速度最快，8 个数据集全部在 200 次迭代内收敛，而且有 5 个数据集（Hill、Isolet、Micromass、Secom 和 Semeion）均在第 1 次迭代就收敛到最优特征子集；NDABC 算法次之，有 2 个数据集（Hill 和 Isolet）在 200 次迭代内收敛到最优特征子集；DPPSO 算法较慢，有 6 个数据集（Arrhythmia、Isolet、Micromass、Musk1、Musk2 和 Secom）在第 2000 次迭代才收敛到最优特征子集。

分析以上情况，原因有两个方面：

第一，三种算法在种群初始化时均运用粗糙集知识，从特征核出发。特征核的计算，缩小种群搜索的范围，加快收敛速度。NDABC 算法在种群初始化时，引入反向学习得到原始种群的反向种群，然后从中筛选出优质个体构建初始种群；DPPSO 算法在初始化时，采用基于特征重要性的贪心策略，优选重要性较高的特征参与解的构造，提高种群质量。

第二，HSACO 算法采用混合策略，DPPSO 算法采用带动态调整参数的粒子更新策略，NDABC 算法采用禁忌搜索策略，不仅加快收敛速度，而且能有效避免陷入局部最优，得到全局最优解。从三种算法在高维数据集上的表现说明，混合策略更适合高维数据的特征选择。

为了验证三种群智能算法得到最优特征子集的分类能力，引入流行的

LEM2[248]分类学习算法，以 10 折交叉验证来评价最优特征子集的分类能力，结果见表 7.4。

表 7.4 原始特征集与最优特征子集的分类能力对比

数据集	特征数		LEM2	
	原始特征集	最优特征子集	原始特征集分类能力	最优特征子集分类能力
Arrhythmia	278	4	0.3670 ± 0.0639	0.3624 ± 0.0487
Hill	100	14	0.5018 ± 0.0503	0.5199 ± 0.0782
Isolet	617	8	0.4241 ± 0.0835	0.4227 ± 0.0960
Micromass	1300	63	0.3039 ± 0.0934	0.3021 ± 0.0321
Musk1	166	6	0.7897 ± 0.0323	0.7851 ± 0.0849
Musk2	166	13	0.9659 ± 0.0420	0.9706 ± 0.0092
Secom	590	6	0.9298 ± 0.0174	0.9284 ± 0.0321
Semeion	256	18	0.8029 ± 0.0396	0.8057 ± 0.0252
平均值	434.125	16.5	0.6356	0.6371

从表 7.4 中可以看出：在 8 个数据集中，三种群智能算法在数据集 Hill、Musk2 和 Semeion 上得到特征子集的分类能力都大于原始特征集的分类能力，而在剩余 5 个数据集上，三种群智能算法得到特征子集的分类能力都近似等于原始特征集的分类能力。参照表 7.1 中数据可知，算法在这 5 个数据集上的特征蒸发率均高达 95%以上，导致特征子集的分类能力很难超过原始特征集。因此，三种群智能算法在高维数据集上进行的特征选择是有效的。

下面，从三种群智能算法所需参数个数、得到特征子集的平均长度和收敛速度三个方面进行比较。

首先，三种群智能算法所需参数个数。由表 7.2 可知：HSACO 算法需要 9 个可调参数，DPPSO 算法需要 8 个可调参数，NDABC 算法需要 4 个可调参数，故 NDABC 算法所需参数最少。

其次，三种群智能算法得到特征子集的平均长度。由表 7.3 和图 7.1 可知：HSACO 算法得到特征子集的平均长度最短，NDABC 算法次之，DPPSO 算法得到特征子集的平均长度最长。

最后，三种群智能算法的收敛速度。由图 7.2 可知：HSACO 算法收敛速度最快，NDABC 算法次之，DPPSO 算法最慢。

由此，结合三种群智能算法所需参数个数、得到特征子集的平均长度和收敛速度三个方面综合考虑，可以得出结论：在高维数据集上，三种算法都成功收敛得到最优特征子集。HSACO 算法所需参数最多，但得到的特征子集平均长度最短，且收敛速度最快；DPPSO 算法所需参数与 HSACO 算法相当，但得到特征子集的平均长度最长，且收敛速度最慢；NDABC 算法所需参数最少，得到的特征子集平均长度和收敛速度均介于两者之间。所以，三种群智能算法对高维数据特征选择是有效的，且各具特色。

7.4 本章小结

在大数据时代，对高维数据进行特征选择具有非常重要的意义，而多种算法的融合是一种有效途径。

本章的重点是讨论本书提出的三种群智能算法在高维数据集上进行特征选择的性能。首先采用 UCI 机器学习数据库中的 8 个高维数据集，经过数据预处理，运行三种算法得到最优特征子集，特征蒸发率均在 85%以上。然后，对得到的最优特征子集采用流行的 LEM2 分类算法计算分类能力，并与原始数据集的分类能力进行比较，两者分类能力近似，说明三种算法得到的最优特征子集是有效的。结合三种群智能算法所需参数个数、得到特征子集的平均长度和收敛速度三个方面综合考虑，可以得出结论：三种算法对于高维数据特征选择是有效的，并各具特色。

第 8 章 总结与展望

8.1 总结

群智能方法是一种新型智能优化方法，为许多传统方法较难解决的组合优化、知识发现和 NP-难问题提供了新的求解方案，已在粗糙集特征选择中崭露头角，并彰显出独特优势。通过对三种群智能代表性算法的研究发现，群智能算法还存在一些薄弱之处：

（1）算法存在早熟现象。

（2）参数设置靠经验值确定，对具体问题依赖性强。

（3）算法对大规模优化问题，后期容易出现停滞，求解效率不稳定，尚有较大提升空间。

为解决这些问题，并探索群智能方法在粗糙集特征选择中的应用，本书做了以下工作：

（1）分析三种群智能代表性算法在粗糙集特征选择中的应用，提出基于群智能和粗糙集的特征选择框架。在该框架中，群智能和其他方法的融合（如反向学习、禁忌搜索等）提供特征子集的搜索策略，粗糙集则主要用于制定特征子集的评价标准，也可辅助其他环节。

（2）研究了一种基于 ACO 和粗糙集的特征选择算法 HSACO。

首先分析代表性 JSACO 算法的求解过程，指出其存在的问题，在此基础上，提出一种采用混合策略的改进算法 HSACO。

HSACO 算法的搜索起点是粗糙集的特征核，同时修改算法的概率转移公式和信息素更新公式，一方面将基于互信息的特征重要性定义为概率转移公式中的启发式信息，指导蚂蚁从当前特征搜索到下一个特征，保证全局搜索在有效可行解的范围内进行；另一方面采用混合策略来更新信息素，使用精英蚂蚁、自适应地改变信息素挥发系数和动态调整信息素，有效地促进特征子集朝着最短、最优的方向发展，加快算法收敛速度，避免陷入局部最优。

然后通过实验分析讨论 HSACO 算法中 6 个主要参数的选取依据，给出较为合理的参数设置。

最后与其他算法的实验比较表明，HSACO 算法能够找到最优特征子集，且收敛速度快，算法性能优于三种经典特征选择算法。

（3）研究了一种基于 PSO 和粗糙集的特征选择算法 DPPSO。

首先分析具有代表性的 IDS 算法的特征选择流程，指出其存在的问题，然后提出一种带动态调整参数的改进算法 DPPSO。

DPPSO 算法从一个较优的初始种群开始搜索，依据粗糙集的特征核，并采用基于特征重要性的贪心策略初始化种群，可以提高种群质量，加快算法收敛。其次，采用一种带动态调整参数的粒子更新策略：利用三个随迭代次数动态调整的参数 C_w、C_p 和 C_g，不断改变粒子的趋近比例，增加种群多样性，避免陷入局部最优。同时，设置一个跳跃阈值，处理算法后期的停滞现象，跳出局部极值，加快算法收敛，提高算法寻优效率。

最后实验结果表明，DPPSO 算法能够找到最优特征子集，且收敛速度快，算法性能与 HSACO 算法相同，优于其他三种经典特征选择算法。

（4）研究了一种基于 ABC 和粗糙集的特征选择算法 NDABC。

人工蜂群算法起步较晚，在粗糙集特征选择方面的应用很少，本书提出一种离散人工蜂群算法 NDABC。

NDABC 算法首先参照粗糙集的特征核进行种群初始化，并通过反向学习产生反向种群，然后从中选取较优个体得到初始种群。然后提出三种不同的邻域搜索策略，通过参数选取分析和测试比较，最终采用基于单点变异的邻域搜索策略来产生新解；同时对雇佣蜂执行禁忌搜索，设置一定长度的禁忌表，表中存储一些雇佣蜂优化 *limit* 次却没有得到改进的解，避免算法陷入局部最优，降低算法的时间复杂度，提高算法的寻优效率。

实验结果表明，NDABC 算法在问题空间有很强的搜索能力，收敛速度快，算法性能与 HSACO 和 DPPSO 算法基本相当，但 NDABC 算法所需参数较少，具有一定优势。

（5）研究了三种算法在银行个人信用评分中的应用。

简单介绍人个人信用评分的概念和发展，以及科学的信用评分指标体系应遵循的原则，重点讨论了如何利用三种算法进行个人信用评分的指标筛选。

首先采用 UCI 机器学习数据库中的德国信用数据，经过数据预处理，运行三种算法得到多组特征子集。

然后，对多组结果采用数据挖掘工具 ROSE2 中流行的 LEM2 分类算法计算分类能力，从中优选出特征数最少且分类能力最强的最优特征子集。同时，分析三种算法在该特征子集的搜索过程，结合算法所需参数个数，进行综合分析。

最后，得出结论：通过特征选择，三种算法都从原始的 20 个特征中筛选出一致的 10 个特征，得到最优特征子集，简化了个人信用评分指标体系，并且最优特征子集的分类能力大于原始特征集合的分类能力，说明三种算法得到的最优特征子集是有效的，能够消除噪声，使分类能力得到提升。结合三种算法所需参数个数、得到特征子集的平均长度和收敛速度三个方面综合考虑，可以得出结论：三种算法对于信用评分指标的筛选是有效的，并各具特色。

（6）研究了三种算法在高维数据集中的应用。

首先采用 UCI 机器学习数据库中的 8 个高维数据集，经过数据预处理，运行三种算法得到最优特征子集，且特征蒸发率均在 85%以上。

然后，对得到的最优特征子集采用数据挖掘工具 ROSE2 中流行的 LEM2 分类算法计算分类能力，并与原始数据集的分类能力进行比较，两者分类能力近似，说明三种算法得到的最优特征子集是有效的。

最后，从三种算法所需参数个数、得到特征子集的平均长度和收敛速度三个方面综合考虑，得出结论：三种算法对于高维数据特征选择是有效的，并各具特色。

8.2 展望

由于作者在时间和精力上的局限性，还有一些问题有待进一步深入研究，下一步的工作重点主要围绕以下几个方面：

（1）进一步采用具有更多特征数的数据集，研究算法在高维大数据问题上的有效性。虽然从 UCI 机器学习数据库中选择了 26 个数据集，实验数据比较丰富，也基本满足算法的实验需求，但这些数据集的特征数量仍然有限，下一步需要收集一些更大规模的数据，进一步研究算法在高维大数据问题上的有效性。

（2）进一步加强算法理论研究。一方面，目前有关群智能算法的理论基础还有待完善，特别是 ABC 算法目前还非常薄弱。另一方面，如何合理设置参数仍然缺乏理论指导，常用的经验或实验都存在很大的局限性。因此，这两个方面都是下一步要重点研究的课题。

（3）进一步研究与其他优化算法的融合。任何一种算法都存在局限性，多种算法的融合，可以优势互补，这也是当今算法的发展趋势。然而，目前的研究是针对具体问题的具体实现，不同问题其融合策略也存在很大的差异，并没有一个统一的框架。因此，下一步的工作重点是探索群智能与其他仿生优化算法融合的统一机制。

（4）深化群智能方法的并行特性。群智能方法在本质上具有并行性，在大规模复杂问题的求解上，可以实现并行，降低问题的复杂程度。以 ACO 算法为例，对于蚁群中的每一只蚂蚁，它们花费大量的时间用于可行解的构造，而这些构造过程实际上是相互独立的，具有并行特性，可以并行实现，但 ACO 算法的实现过程均采用串行化处理。因此，进一步深化群智能的并行特性是今后研究的重要方向。

参考文献

[1] S. Staff. Challenges and Opportunities[J]. Science, 2011, 6018(331): 692-693.

[2] 韩家炜，坎伯著，范明，等译. 数据挖掘：概念与技术[M]. 北京：机械工业出版社，2007.

[3] Z. Pawlak. Rough Sets[J]. International Journal of Computer and Information Sciences, 1982, 11(5): 341-356.

[4] A. Skowron, C. Rauszer. The Discernibility Matrices and Functions in Information Systems[M]//Intelligent Decision Support-Handbook of Applications and Advances of the Rough Sets Theory. Dordrecht: Kluwer Academic Publishers, 1992: 331-362.

[5] J. A. Starzyk, D. E. Nelson, K. Sturtz. Reduct Generation in Information Systems [J]. Bulletin of the International Rough Set Society, 1999, 3: 24-28.

[6] J. A. Starzyk, D. E. Nelson, K. Sturtz. A Mathematical Foundation for Improved Reduct Generation in Information Systems[J]. Knowledge and Information Systems, 2000, 2(2): 131-146.

[7] Y. Y. Yao, Y. Zhao. Discernibility Matrix Simplification for Constructing Attribute Reducts[J]. Information Science, 2009, 179(7): 867-882.

[8] S. K. M. Wong, W. Ziarko. On Optimal Decision Rules in Decision Tables[J]. Bulletin of Polish Academy of Sciences, 1985, 33(11-12): 693-696.

[9] X. H. Hu, N. Cereone. Learning in Relational Databases: A Rough Set Approach[J]. International Journal of Computational Intelligence, 1995, 11(2): 323-338.

[10] A. Chouchoulas, Q. Shen. Rough Set-Aided Keyword Reduction for Text Categorization[J]. Applied Artificial Intelligence, 2001, 15(9): 843-873.

[11] 王国胤. 决策表核属性的计算方法[J]. 计算机学报，2003, 26(5): 611-615.

[12] 王国胤，于洪，杨大春. 基于条件信息熵的决策表约简[J]. 计算机学报，2002，25(7): 759-766.

[13] J. Y. Liang, K. S. Chin, C. Y. Dang, et al. A New Method for Measuring Uncertainty and Fuzziness in Rough Set Theory[J]. International Journal of General Systems,

2002, 31(4): 331-342.

[14] Y. H. Qian, J. Y. Liang. Combination Entropy and Combination Granulation in Rough Set Theory[J]. International Journal of Uncertainty, Fuzziness and Knowledge-Based Systems, 2008, 16(2): 179-193.

[15] 苗夺谦，胡桂荣. 知识约简的一种启发式算法[J]. 计算机研究与发展，1999, 36(6): 681-684.

[16] K. Y. Hu, Y. C. Lu, C. Y. Shi. Feature Ranking in Rough Sets[J]. AI Communications, 2003, 16(1): 41-50.

[17] Y. H. Qian, J. Y. Liang, W. Pedrycz,et al. Positive Approximation: An Accelerator for Attribute Reduction in Rough Set Theory[J]. Artificial Intelligence, 2010, 174(9-10): 597-618.

[18] J. Wroblewski. Finding Minimal Reducts Using Genetic Algorithms[C]//Proceedings of the International Workshop on Rough Sets Soft Computing at Second Annual Joint Conference on Information Sciences, 1995: 186-189.

[19] L. Y. Zhai, L. P. Khoo, S. C. Fok. Feature Extraction Using Rough Set Theory and Genetic Algorithms-An Application for the Simplification of Product Quality Evaluation[J]. Computers and Industrial Engineering, 2002, 43(4): 661-676.

[20] 陈友，沈华伟，李洋，等. 一种高效的面向轻量级入侵检测系统的特征选择算法[J]. 计算机学报，2007，30(8): 1398-1408.

[21] A. R. Hedar, J. Wang, M. Fukushima. Tabu Search for Attribute Reduction in Rough Set Theory[J]. Soft Computing, 2008, 12(9): 909-918.

[22] 张昊，陶然，李志勇，等. 基于自适应模拟退火遗传算法的特征选择方法[J]. 电子学报，2009，30(1): 81-85.

[23] S. Abdullah, L. Golafshan, M. Z. A. Nazri. Re-heat Simulated Annealing Algorithm for Rough Set Attribute Reduction[J]. International Journal of the Physical Sciences, 2011, 6(8): 2083-2089.

[24] E. Bonabeau, M. Dorigo, G. Theraulaz. Swarm Intelligence: From Natural to Artificial Systems[M]. Oxford: Oxford University Press, 1999.

[25] A. Colorni, M. Dorigo, V. Maniezzo. Distributed Optimization by Ant Colonies[C]//Proceedings of the European Conference on Artificial Life, 1991: 134-142.

[26] J. Kennedy, R. Eberhart. Particle Swarm Optimization[C]//Proceedings of the IEEE International Conference on Neural Networks, 1995, 4: 1942-1948.

[27] D. Karaboga. An Idea Based on Honey Bee Swarm for Numerical

Optimization[R]. Technical Report-TR06, Erciyes University Press, Turkey, 2005.

[28] C. Blum, D. Merkle. 龙飞，译. 群智能：介绍与应用[M]. 北京：国防工业出版社，2011.

[29] K. S. Fu, P. J. Min, T. J. Li. Feature Selection in Pattern Recognition[J]. IEEE Transactions on Systems Science and Cybernetics, 1970, 6(1): 33-39.

[30] P. M. Narendra, K. Fukunaga. A Branch and Bound Algorithm for Feature Selection[J]. IEEE Transactions on Computers, 1977, 26(9): 917-922.

[31] X. W. Chen. An Improved Branch and Bound Algorithm for Feature Selection[J]. Pattern Recognition Letters, 2003, 24(12): 1925-1933.

[32] A. W. Whitney. A Direct Method of Nonparametric Measurement Selection[J]. IEEE Transactions on Computers, 1971, 100(20): 1100-1103.

[33] T. Marill, D. M. Green. On The Effectiveness of Receptors in Recognition Systems[J]. IEEE Transactions on Information Theory, 1963, 9(1): 11-17.

[34] S. D. Stearns. On Selecting Features for Pattern Classifiers[C]//Proceedings of the 3rd International Joint Conference on Pattern Recognition, 1976: 71-75.

[35] H. Zhang, G. Sun. Feature Selection Using Tabu Search Method[J]. Pattern Recognition, 2002, 35(3): 701-712.

[36] R. Meiri, J. Zahavi. Using Simulated Annealing to Optimize the Feature Selection Problem in Marketing Applications[J]. European Journal of Operational Research, 2006, 171(3): 842-858.

[37] J. Yang, V. Honavar. Feature Subset Selection Using A Genetic Algorithm[J]. Intelligent Systems and Their Applications, 1998, 13(2): 44-49.

[38] A. L. Blum, P. Langley. Selection of Relevant Features and Examples in Machine Learning[J]. Artificial Intelligence, 1997, 97(1-2): 245-271.

[39] R. Kohavi, G. H. John. Wrappers for Feature Subset Selection[J]. Artificial Intelligence, 1997, 97(1-2): 273-324.

[40] T. N. Lal, O. Chapelle, J. Weston, et al. Embedded Methods[M]. Feature Extraction: Foundations and Applications, Berlin: Springer, 2006: 137-165.

[41] J. P. Hua, W. D. Tembe, E. R. Dougherty. Performance of Feature-Selection Methods in the Classification of High-Dimension Data[J]. Pattern Recognition, 2009, 42(3): 409-424.

[42] K. Kira, L. A. Rendell. The Feature Selection Problem: Traditional Methods and A New Algorithm[C]//Proceedings of the 10th National Conference on Artificial Intelligence, 1992: 129-134.

[43] O. Uncu, I. B. Turksen. A Novel Feature Selection Approach: Combing Feature Wrappers and Filters[J]. Information Sciences, 2007, 177(2): 449-466.

[44] 王树林，王戟，陈火旺，等. 肿瘤信息基因启发式宽度优先搜索算法研究[J]. 计算机学报，2008，31(4): 636-649.

[45] A. E. Akadi, A. Amine, A. E. Ouardighi, et al. A Two-Stage Gene Selection Scheme Utilizing MRMR Filter and GA Wrapper[J]. Knowledge and Information Systems, 2011, 26(3): 487-500.

[46] S. Foithong, O. Pinngern, B. Attachoo. Feature Subset Selection Wrapper Based on Mutual Information and Rough Sets[J]. Expert Systems with Applications, 2012, 39(1): 574-584.

[47] R. Jensen, Q. Shen. Finding Rough Set Reductions with Ant Colony Optimization[C]//Proceedings of the 2003 UK Workshop on Computational Intelligence, 2003, 3: 15-22.

[48] X. Y. Wang, J. Yang, X. L. Teng, et al. Feature Selection Based on Rough Sets and Particle Swarm Optimization[J]. Pattern Recognition Letters, 2007, 28(4): 459-471.

[49] C. S. Bae, W. C. Yeh, Y. Y. Chung, et al. Feature Selection with Intelligent Dynamic Swarm and Rough Set[J]. Expert Systems with Applications, 2010, 37(10): 7026-7032.

[50] M. Dorigo, V. Maniezzo, A. Colorni. Ant System: Optimization by A Colony of Cooperating Agents[J]. IEEE Transactions on Systems, Man, and Cybernetics-Part B, 1996, 26 (1): 29-41.

[51] M. Dorigo, T. Stutzle. Ant Colony Optimization[M]. Cambridge: The MIT Press, 2004.

[52] W. J. Gutjahr. A Graph-Based Ant System and Its Convergence[J]. Future Generation Computer Systems, 2000, 16(8): 873-888.

[53] T. Stutzle, M. Dorigo. A Short Convergence Proof for A Class of Ant Colony Optimization Algorithms [J]. IEEE Transactions on Evolutionary Computation, 2002, 6(4): 358-365.

[54] A. Badr, A. Fahmy. A Proof of Convergence for Ant Algorithms[J]. Information Sciences, 2004, 160 (1-4): 267-279.

[55] 孙焘，王秀坤，刘业欣，等. 一种简单蚂蚁算法及其收敛性分析[J]. 小型微型计算机系统，2003，24(8): 1524-1527.

[56] 苏兆品，蒋建国，梁昌勇，等. 蚁群算法的几乎处处强收敛性分析[J]. 电子

学报, 2009, 37(8): 1646-1650.

[57] M. Dorigo, L. M. Gambardella. A Study of Some Properties of Ant-Q[C]//Proceedings of the 4th International Conference on Parallel Problem Solving from Nature, 1996: 656-665.

[58] T. Stutzle, H. Hoos. MAX-MIN Ant System and Local Search for the Traveling Salesman Problem[C]//Proceedings of the 4th International Conference on Evolutionary Computation, 1997: 309-314.

[59] B. Bullnheimer, R. F. Hartl, C. Strauss. A New Rank Based Version of the Ant System-A Computational Study[J]. Central European Journal for Operations Research and Economics, 1999, 7(1): 25-38.

[60] M. Pedemonte, S. Nesmachnow, H. Cancela. A Survey on Parallel Ant Colony Optimization[J]. Applied Soft Computing, 2011, 11(8): 5181-5197.

[61] 吴庆洪，张纪会，徐心和. 具有变异特征的蚁群算法[J]. 计算机研究与发展，1999, 36(10): 1240-1245.

[62] 王颖，谢剑英. 一种自适应蚁群算法及其仿真研究[J]. 系统仿真学报，2002，14(1): 31-33.

[63] 熊伟清，余舜浩，赵杰煜. 具有分工的蚁群算法及应用[J]. 模式识别与人工智能，2003，16(3): 328-333.

[64] 陈峻，章春芳. 并行蚁群算法中的自适应交流策略[J]. 软件学报，2007，18(3): 617-624.

[65] S. R. Jangam, N. Chakraborti. A Novel Method for Alignment of Two Nucleic Acid Sequences Using Ant Colony Optimization and Genetic Algorithms[J]. Applied Soft Computing, 2007, 7 (3): 1121-1130.

[66] Z. J. Lee, S. F. Su, C. C. Chuang, et al. Genetic Algorithm with Ant Colony Optimization (GA-ACO) for Multiple Sequence Alignment[J]. Applied Soft Computing, 2008, 8(1): 55-78.

[67] S. M. Chen, C. Y. Chien. Parallelized Genetic Ant Colony Systems for Solving the Traveling Salesman Problem[J]. Expert Systems with Applications, 2011, 38(4): 3873-3883.

[68] I. Ciornei, E. Kyriakides. Hybrid Ant Colony-Genetic Algorithm (GAAPI) for Global Continuous Optimization[J]. IEEE Transactions on Systems, Man, and Cybernetics-PART B, 2012, 42 (1): 234-245.

[69] 邵晓魏，邵长胜，赵长安. 利用信息量留存的蚁群遗传算法[J]. 控制与决策，2004，19(10): 1187-1189.

[70] 朱庆保，杨志军. 基于变异和动态信息素更新的蚁群优化算法[J]. 软件学报，2004，15(2): 185-92.

[71] 肖宏峰，谭冠政. 遗传算法在蚁群算法中的融合研究[J]. 小型微型计算机系统，2009，30(3): 512-517.

[72] 傅鹏，张德运，马兆丰，等. Ad Hoc网络中基于模拟退火-蚁群算法的QoS路由发现方法[J].西安交通大学学报，2006，40(2): 179-183.

[73] R. Musa, F. F. Chen. Simulated Annealing and Ant Colony Optimization Algorithms for the Dynamic Throughput Maximization Problem[J]. The International Journal of Advanced Manufacturing Technology, 2008, 37(7-8): 837-850.

[74] 刘波，蒙培生. 采用基于模拟退火的蚁群算法求解旅行商问题[J]. 华中科技大学学报（自然科学版），2009，37(11): 26-30.

[75] M. Niksirat, M. Ghatee, S. M. Hashemi. Multimodal K-Shortest Viable Path Problem in Tehran Public Transportation Network and Its Solution Applying Ant Colony and Simulated Annealing Algorithms [J]. Applied Mathematical Modelling, 2012, 36(11): 5709-5726.

[76] 张亚明，史浩山，刘燕，等. WSNs中基于蚁群模拟退火算法的移动Agent访问路径规划[J]. 西北工业大学学报，2012，30(5): 629-635.

[77] 钟一文，杨建刚. 求解多任务调度问题的免疫蚁群算法[J]. 模式识别与人工智能，2006，19(1): 73-78.

[78] 闭应洲，丁立新，陆建波. 基于免疫修复的快速蚁群优化算法[J]. 控制与决策，2009，24(10): 1509-1512.

[79] 刘朝华，张英杰，李小花，等. 双态免疫优势蚁群算法及其在TSP中的应用研究[J]. 小型微型计算机系统，2010，31(5): 937-941.

[80] 万芳，邱林，黄强. 水库群供水优化调度的免疫蚁群算法应用研究[J]. 水力发电学报，2011，30 (5): 234-239.

[81] J. Z. Huang, Y. W. Cen. A Path-Planning Algorithm for AGV Based on the Combination Between Ant Colony Algorithm and Immune Regulation[C]//Proceedings of the 2nd International Conference on Advances in Materials and Manufacturing Processes, AMS 422, 2011: 3-9.

[82] Q. F. Wang, Y. H. Wang. Route Planning Based on Combination of Artificial Immune Algorithm and Ant Colony Algorithm[C]//Proceedings of the 6th International Conference on Intelligent Systems and Knowledge Engineering, AISC 122, 2011: 121-130.

[83] 洪炳熔，金飞虎，高庆吉. 基于蚁群算法的多层前馈神经网络[J]. 哈尔滨工

业大学学报，2003，35 (7): 823-825.
[84] 黄美玲，白似雪. 蚁群神经网络在旅行商问题中的应用[J]. 计算机辅助设计与图形学学报，2007，19(5): 600-603.
[85] 刘澍，王宏远. 基于蚁群神经网络的调制识别[J]. 华中科技大学学报(自然科学版)，2008，36(4): 17-19.
[86] 孙旺，李彦明，杜文辽，等. 基于蚁群神经网络的泵车主泵轴承性能评估[J]. 上海交通大学学报，2012，46(4): 596-600.
[87] Y. J. Chen, Q. H. Zhao. Studies of Synchronous Rotor Gear Monitoring Technique Based on Ant Colony Neural Network[C]//Proceedings of the International Conference on Frontiers of Manufacturing and Design Science, 2012, 121-126: 382-386.
[88] 宋晓宇，常春光，曹阳. 求解模糊Job Shop调度的遗传算法与蚁群算法融合研究[J]. 小型微型计算机系统，2008，29(7): 1286-1290.
[89] H. B. Shan, S. H. Zhou, Z. H. Sun. Research on Assembly Sequence Planning Based on Genetic Simulated Annealing Algorithm and Ant Colony Optimization Algorithm[J]. Assembly Automation, 2009, 29(3): 249-256.
[90] S. M. Chen, C. Y. Chien. Solving the Traveling Salesman Problem Based on the Genetic Simulated Annealing Ant Colony System with Particle Swarm Optimization Techniques[J]. Expert Systems with Applications, 2011, 38(12): 14439-14450.
[91] M. Dorigo, L. M. Gambardella. Ant Colony System: A Cooperative Learning Approach to the Traveling Salesman Problem[J]. IEEE Transactions on Evolutionary Computation. 1997, 1(1): 53-66.
[92] M. Guntsch, M. Middendorf. Pheromone Modification Strategies for Ant Algorithms Applied to Dynamic TSP[C]//Proceedings of the EvoWorkshop on Applications of Evolutionary Computing, LNCS 2037, 2001: 213-222.
[93] 吴斌，史忠植. 一种基于蚁群算法的TSP问题分段求解算法[J]. 计算机学报，2001，24(12): 1328-1333.
[94] D. Costa, A. Hertz. Ants Can Colour Graphs[J]. Journal of the Operational Research Society, 1997, 48 (3): 295-305.
[95] K. A. Dowsland, J. M. Thompson. An Improved Ant Colony Optimisation Heuristic for Graph Colouring[J]. Discrete Applied Mathematics, 2008, 156(3): 313-324.
[96] N. N. Ding, P. X. P. Liu. Data Gathering Communication in Wireless Sensor

Networks Using Ant Colony Optimization[C]//Proceedings of the 2004 IEEE International Conference on Robotics and Biomimetics, 2004: 822-827.

[97] T. Camilo, C. Carreto, J. S. Silva, F. Boavida. An Energy-Efficient Ant-Based Routing Algorithm for Wireless Sensor Networks[C]//Proceedings of the 5th International Workshop on Ant Colony Optimization and Swarm Intelligence, LNCS 4150, 2006: 49-59.

[98] 梁华为，陈万明，李帅，等. 一种无线传感器网络蚁群优化路由算法[J]. 传感器技术学报，2007，20(11): 2450-2455.

[99] S. Okdem, D. Karaboga. Routing in Wireless Sensor Networks Using An Ant Colony Optimization (ACO) Router Chip[J]. Sensors, 2009, 9(2): 909-921.

[100] S. J. Huang. Enhancement of Hydroelectric Generation Scheduling Using Ant Colony System Based Optimization Approaches[J]. IEEE Transactions on Energy Conversion, 2001, 16(3): 296-301.

[101] 王志刚，杨丽徙，陈根永. 基于蚁群算法的配电网网架优化规划方法[J]. 电力系统及其自动化学报，2002，14(6): 73-76.

[102] J. H. Teng, Y. H. Liu. A Novel ACS-Based Optimum Switch Relocation Method[J]. IEEE Transactions on Power Systems, 2003, 18(1): 113-120.

[103] 王琨，刘青松. 蚁群算法在电力系统机组优化组合中的应用研究[J]. 电力学报，2005，20(2):112- 115.

[104] 任志刚，冯祖仁，柯良军. 蚁群优化属性约简算法[J]. 西安交通大学学报，2008，42(4): 440-444.

[105] L. J. Ke, Z. R. Feng, Z. G. Ren. An Efficient Ant Colony Optimization Approach to Attribute Reduction in Rough Set Theory[J]. Pattern Recognition Letters, 2008, 29(9): 1351-1357.

[106] Y. Gómez, R. Bello, A. Nowé, et al. Multi-colony ACO and Rough Set Theory to Distributed Feature Selection Problem[C]//Proceedings of the 10th International Work Conference on Artificial Neural Networks, LNCS 5518, 2009: 458-461.

[107] 张杰慧，何中市，王健，等. 基于自适应蚁群算法的组合式特征选择算法[J]. 系统仿真学报，2009，21(6): 1605-1614.

[108] 王璐，邱桃荣，何妞，等. 基于粗糙集和蚁群优化算法的特征选择方法[J]. 南京大学学报(自然科学)，2010，46(5): 487-493.

[109] Y. M. Chen, D. Q. Miao, R. Z. Wang. A Rough Set Approach to Feature Selection Based on Ant Colony Optimization[J]. Pattern Recognition Letters, 2010, 31(3): 226-233.

[110] 姚跃华，洪杉. 基于自适应蚁群算法的粗糙集属性约简[J]. 计算机工程，2011，37(3): 198-200.
[111] 于洪，杨大春. 基于蚁群优化的多个属性约简的求解方法[J]. 模式识别与人工智能，2011，24(2): 176-184.
[112] Y. H. Shi, R. C. Eberhart. A Modified Particle Swarm Optimizer[C]//Proceedings of the IEEE International Conference on Evolutionary Computation, 1998: 69-73.
[113] Y. H. Shi, R. C. Eberhart. Fuzzy Adaptive Particle Swarm Optimizer[C]// Proceedings of the IEEE Congress on Evolutionary Computation, 2001, 1: 101-106.
[114] A. Chatterjee, P. Siarry. Nonlinear Inertia Weight Variation for Dynamic Adaptation in Particle Swarm Optimization[J]. Computers and Operations Research, 2006, 33(3): 859-871.
[115] 张顶学，关治洪，刘新芝. 一种动态改变惯性权重的自适应粒子群算法[J]. 控制与决策，2008，23 (11): 1253-1257.
[116] M. Clerc. The Swarm and the Queen: Towards A Deterministic and Adaptive Particle Swarm Optimization[C]//Proceedings of the Congress of Evolutionary Computation, 1999: 1951-1957.
[117] 薛明志，左秀会，钟伟才，等. 正交微粒群算法[J]. 系统仿真学报，2005，17(12): 2908-2911.
[118] J. Kennedy. Dynamic-Probabilistic Particle Swarms[C]//Proceedings of the Genetic and Evolutionary Computation Conference, 2005: 201-207.
[119] J. Kennedy. Small Worlds and Mega-Minds: Effects of Neighborhood Topology on Particle Swarm Performance[C]//Proceedings of the Congress on Evolutionary Computation, 1999: 1931-1938.
[120] J. Kennedy, R. Mendes. Population Structure and Particle Swarm Performance [C]//Proceedings of the IEEE Congress on Evolutionary Computation, 2002: 1671-1676.
[121] B. Kaewkamnerdpong, P. J. Bentley. Perceptive Particle Swarm Optimization: An Investigation[C]// Proceedings of the IEEE Swarm Intelligence Symposium, 2005: 169-176.
[122] 倪庆剑，张志政，王蓁蓁，等. 一种基于可变多簇结构的动态概率粒子群优化算法[J]. 软件学报，2009, 20(2): 339-349.
[123] F. Van Den Bergh, A. P. Engelbrecht. A Cooperative Particle Swarm

Optimization[J]. IEEE Transactions on Evolutionary Computation, 2004, 8(3): 225–239.
[124] J. J. Liang, P. N. Suganthan. Dynamic Multi-Swarm Particle Swarm Optimizer with Local Search[C]//Proceedings of the IEEE Congress on Evolutionary Computation, 2005: 522-528.
[125] 窦全胜，周春光，徐中宇，等. 动态优化环境下的群核进化粒子群优化方法[J]. 计算机研究与发展，2006，43(1): 89-95.
[126] J. Kennedy, R. C. Eberhart. A Discrete Binary Version of the Particle Swarm Algorithm[C]//Proceedings of the IEEE International Conference on Systems, Man and Cybernetics, 1997: 4104-4108.
[127] W. Pang, K. P. Wang, C. G. Zhou, et al. Fuzzy Discrete Particle Swarm Optimization for Solving Traveling Salesman Problem[C]//Proceedings of the 4th International Conference on Computer and Information Technology, 2004: 796-800.
[128] 高海兵，周驰，高亮. 广义粒子群优化模型[J]. 计算机学报，2005，28(12): 1980-1987.
[129] R. C. Eberhart, Y. H. Shi. Particle Swarm Optimization: Developments, Applications and Resources [C]//Proceedings of the IEEE Congress on Evolutionary Computation, 2001: 81-86.
[130] 彭宇，彭喜元，刘兆庆. 微粒群算法参数效能的统计分析[J]. 电子学报，2004，32(2): 209-213.
[131] A. Ratnaweera, S. K. Halgamuge, H. C. Watson. Self-Organizing Hierarchical Particle Swarm Optimizer with Time-Varying Acceleration Coefficients[J]. IEEE Transactions on Evolutionary Computation, 2004, 8(3): 240-255.
[132] 曾建潮，崔志华. 微粒群算法的统一模型及分析[J]. 计算机研究与发展，2006，43(1): 96-100.
[133] M. S. Arumugam, M. Rao. On the Improved Performances of the Particle Swarm Optimization Algorithms with Adaptive Parameters, Cross-over Operators and Root Mean Square (RMS) Variants for Computing Optimal Control of a Class of Hybrid Systems[J]. Applied Soft Computing, 2008, 8(1): 324-336.
[134] A. Nickabadi, M. M. Ebadzadeh, R. Safabakhsh. A Novel Particle Swarm Optimization Algorithm with Adaptive Inertia Weight[J]. Applied Soft Computing, 2011, 11(4): 3658-3670.
[135] Y. H. Shi, R. C. Eberhart. Empirical Study of Particle Swarm Optimization[C]//

Proceedings of the Congress on Evolutionary Computation, 1999: 1945-1950.
[136] M. Clerc, J. Kennedy. The Particle Swarm-Explosion, Stability, and Convergence in a Multi-dimensional Complex[J]. IEEE Transactions on Evolutionary Computation, 2002，6(1): 58-73.
[137] F. Van Den Bergh. An Analysis of Particle Swarm Optimizers[D]. South Africa: University of Pretoria, 2002.
[138] F. Van Den Bergh, A. P. Engelbrecht. A New Locally Convergent Particle Swarm Optimizer[C]//Proceedings of the IEEE International Conference on Systems, Man and Cybernetics, 2002: 96-101.
[139] 曾建潮，崔志华. 一种保证全局收敛的PSO算法[J]. 计算机研究与发展，2004，41(8): 1333-1338.
[140] I. C. Trelea. The Particle Optimization Algorithm: Analysis and Parameter Selection[J]. Information Processing Letters, 2003, 85(6): 317-325.
[141] 李宁，孙德宝，邹彤，等. 基于差分方程的PSO算法粒子运动轨迹分析[J]. 计算机学报, 2006, 29(11): 2052-2060.
[142] M. Jiang M, Y. P. Luo, S. Y. Yang. Stochastic Convergence Analysis and Selection of the Standard Particle Swarm Optimization Algorithm[J]. Information Processing Letters, 2007, 102(1): 8-16.
[143] 孙俊. 量子行为粒子群优化算法研究[D]. 无锡：江南大学, 2009.
[144] R. C. Eberhart, Y. H. Shi. Comparison Between Genetic Algorithms and Particle Swarm Optimization [C]//Proceedings of the 7th International Conference on Evolutionary Programming, 1998:611-618.
[145] M. Lovbjerg, T. K. Rasmussen, T. Krink. Hybrid Particle Swarm Optimizer with Breeding and Subpopulations[C]//Proceedings of the International Conference on Genetic and Evolutionary Computation, 2001: 469-476.
[146] T. Krink, M. Lovbjerg. The Life Cycle Model: Combining Particle Swarm Optimisation, Genetic Algorithms and HillClimbers[C]//Proceedings of the 7th International Conference on Parallel Problem Solving from Nature, 2002: 621-630.
[147] N. Higasshi, H. Iba. Particle Swarm Optimization with Gaussian Mutation[C]// Proceedings of the IEEE Swarm Intelligence Symposium, 2003: 72-79.
[148] 吕振肃，侯志荣. 自适应变异的粒子群优化算法[J]. 电子学报，2004，32(3): 416-420.
[149] X. H. Shi, Y. C. Liang, H. P. Lee, et al. An Improved GA and a Novel PSO-GA-

Based Hybrid Algorithm[J]. Information Processing Letters, 2005, 93(5): 255-261.
[150] 夏桂梅，曾建潮. 基于锦标赛选择遗传算法的随机微粒群算法[J]. 计算机工程与应用，2007，43(4): 51-53.
[151] C. W. Jiang, E. Bompard. A Hybrid Method of Chaotic Particle Swarm Optimization and Linear Interior for Reactive Power Optimization[J]. Mathematics and Computers in Simulation, 2005, 68(1): 57-65.
[152] L. D. S. Coelho, B. M. Herrera. Fuzzy Identification Based on A Chaotic Particle Swarm Optimization Approach Applied to A Nonlinear Yo-yo Motion System [J]. IEEE Transactions on Industrial Electronics, 2007, 54(6): 3234-3245.
[153] 高鹰，谢胜利. 免疫粒子群优化算法[J]. 计算机工程与应用，2004, 6: 4-6.
[154] S. Das, A. Konar, U. K. Chakraborty. Improving Particle Swarm Optimization with Differentially Perturbed Velocity[C]//Proceedings of the Genetic and Evolutionary Computation Conference, 2005: 177-184.
[155] N. Holden, A. A. Freitas. A Hybrid Particle Swarm/Ant Colony Algorithm for the Classification of Hierarchical Biological Data[C]//Proceedings of the IEEE Swarm Intelligence Symposium, 2005: 100-107.
[156] B. Niu, Y. L. Zhu, X. X. He, et al. An Improved Particle Swarm Optimization Based on Bacterial Chemotaxis[C]//Proceedings of the 6th World Congress on Intelligent Control and Automation, 2006: 3193-3197.
[157] 刘金洋，郭茂祖，邓超. 基于雁群启示的粒子群优化算法[J]. 计算机科学，2006，33(11): 166-168, 191.
[158] 杨萍，孙延明，刘小龙，等. 基于细菌觅食趋化算子的PSO算法[J]. 计算机应用研究，2011，28(10): 3640-3642.
[159] X. H. Hu, R. Eberhart. Solving Constrained Nonlinear Optimization Problems with Particle Swarm Optimization[C]//Proceedings of the 6th World Multiconference on Systemics, Cybernetics and Informatics, 2002: 203-206.
[160] G. T. Pulido, C. A. C. Coello. A Constraint-handling Mechanism for Particle Swarm Optimization[C]//Proceedings of the 2004 Congress on Evolutionary Computation, 2004, 2: 1396-1403.
[161] Q. He, L. Wang. A hybrid Particle Swarm Optimization with A Feasibility-based Rule for Constrained Optimization[J]. Applied Mathematics and Computation, 2007, 186(2): 1407-1422.
[162] 刘衍民. 一种求解约束优化问题的混合粒子群算法[J]. 清华大学学报(自然

科学版)，2013，3(2): 242-246.

[163] X. H. Hu, R. C. Eberhart, Y. H. Shi. Swarm Intelligence for Permutation Optimization: A Case Study of N-Queens Problem[C]//Proceedings of the Swarm Intelligence Symposium, 2003: 243-246.

[164] M. Clerc. Discrete Particle Swarm Optimization[M]. New Optimization Techniques in Engineering, Berlin: Springer, 2004.

[165] X. H. Shi, Y. C. Liang, H. P. Lee, et al. Particle Swarm Optimization-based Algorithms for TSP and Generalized TSP[J]. Information Processing Letters, 2007,103(5):169-176.

[166] J. Qin, X. Li, Y. X. Yin. An Algorithmic Framework of Discrete Particle Swarm Optimization[J]. Applied Soft Computing, 2012, 12(3): 1125-1130.

[167] T. Ray, K. M. Liew. A Swarm Metaphor for Multiobjective Design Optimization[J]. Engineering Optimization, 2002, 34(2): 141-153.

[168] 张利彪，周春光，马铭，等. 基于粒子群算法求解多目标优化问题[J]. 计算机研究与发展，2004，41(7): 1286-1291.

[169] M. Reyes-Sierra, C. A. C. Coello. Multi-Objective Particle Swarm Optimizers: A Survey of the State-of-the-Art[J]. International Journal of Computational Intelligence Research, 2006, 2(3): 287-308.

[170] 刘淳安. 一种求解动态多目标优化问题的粒子群算法[J]. 系统仿真学报，2011，23(2): 288-293.

[171] Y. Del Valle, G. K. Venayagamoorthy, S. Mohagheghi, et al. Particle Swarm Optimization: Basic Concepts, Variants and Applications in Power Systems[J]. IEEE Transactions on Evolutionary Computation, 2008, 12(2): 171-195.

[172] J. S. Heo, K. Y. Lee, R. Garduno-Ramirez. Multiobjective Control of Power Plants Using Particle Swarm Optimization Techniques[J]. IEEE Transactions on Energy Conversion, 2006, 21(2): 552-561.

[173] V. Mukherjee, S. P. Ghoshal. Intelligent Particle Swarm Optimized Fuzzy PID Controller for AVR System [J]. Electric Power Systems Research, 2007: 1689-1698.

[174] S. Das, A. Abraham, A. Konar. Automatic Kernel Clustering with A Multi-Elitist Particle Swarm Optimization Algorithm[J]. Pattern Recognition Letters, 2008, 29(5): 688-699.

[175] M. G H. Omran, A. Salman, A. P. Engelbrecht. Dynamic Clustering Using Particle Swarm Optimization with Application in Image Segmentation[J]. Pattern

Analysis and Applications. 2006, 8(4): 332-344.
[176] 叶东毅，廖建坤. 基于粒子群优化的最小属性约简算法[A]. 第11届中国人工智能大会论文集[C]. 北京：北京邮电大学出版社，2005: 728-732.
[177] J. H. Dai, W. D. Chen, H. Y. Gu, et al. Particle Swarm Algorithm for Minimal Attribute Reduction of Decision Data Tables[C]//Proceedings of the First International Multi-Symposiums on Computer and Computational Sciences, 2006: 12-18.
[178] 叶东毅，廖建坤. 最小约简问题的一个离散免疫粒子群算法[J]. 小型微型计算机系统，2008，29(6): 550-555.
[179] 吕士颖，郑晓鸣，王晓东. 基于量子粒子群优化的属性约简[J]. 计算机工程，2008，34(18): 65- 69.
[180] 吴永芬，冯茂岩，张健. 基于小生境粒子群的属性约简算法[J]. 南京师范大学学报（工程技术版），2008，8(4): 132-135.
[181] X. Y. Wang, W. G. Wan, X. Q. Yu. Rough Set Approximate Entropy Reducts With Order Based Particle Swarm Optimization[C]//Proceedings of the First ACM/SIGEVO Summit on Genetic and Evolutionary Computation, 2009: 553-560.
[182] 杨晓燕，陈国龙，郭文忠. 基于粒子群优化的最小属性约简算法[J]. 福州大学学报（自然科学版），2010，38(2): 193-197.
[183] L. Pratiwi, Y. H. Choo, A. K. Muda. A Framework of Rough Reducts Optimization Based on PSO/ACO Hybridized Algorithms[C]//Proceedings of the 3rd Conference on Data Mining and Optimization, 2011: 153-159.
[184] T. D. Seeley. The Wisdom of the Hive: The Social Physiology of Honey Bee Colonies[M]. Cambridge: Harvard University Press, 1995.
[185] D. Teodorovic, M. Dell'Orco. Bee Colony Optimization-A Cooperative Learning Approach to Complex Transportation Problems[C]//Proceedings of 16th Mini–EURO Conference and 10th Meeting of EWGT, 2005: 51-60.
[186] D. Karaboga, B. Basturk. Artificial Bee Colony(ABC) Optimization Algorithm for Solving Constrained Optimization Problems[C]//Proceedings of the 12th International Fuzzy Systems Association World Congress on Foundations of Fuzzy Logic and Soft Computing, LNAI 4529, 2007: 789-798.
[187] S. Bitam, M. Batouche, E. Talbi. A Survey on Bee Colony Algorithms [C]//Proceedings of the IEEE International Symposium on Parallel and Distributed Processing, Workshops and PhdForum, 2010: 1-8.

[188] D. Karaboga, B. Basturk. A Powerful and Efficient Algorithm for Numerical Function Optimization: Artificial Bee Colony (ABC) Algorithm[J]. Journal of Global Optimization, 2007, 39(3): 459-471.
[189] D. Karaboga, B. Basturk. On the Performance of Artificial Bee Colony (ABC) Algorithm[J]. Applied Soft Computing, 2008, 8(1): 687-697.
[190] D. Karaboga, B. Akay. A Comparative Study of Artificial Bee Colony Algorithm[J]. Applied Mathematics and Computation, 2009, 214(1): 108-132.
[191] 丁海军，冯庆娴. 基于boltzmann选择策略的人工蜂群算法[J]. 计算机工程与应用，2009，45(31): 53-55.
[192] 罗钧，李研. 具有混沌搜索策略的蜂群优化算法[J]. 控制与决策，2010，25(12): 1913-1916.
[193] 暴励，曾建潮. 一种双种群差分蜂群算法[J]. 控制理论与应用，2011，28(2): 266-272.
[194] A. L. Bolaji, A. T. Khader, M. A. Al-betar, et al. An Improved Artificial Bee Colony for Course Timetabling[C]//Proceedings of the 6th International Conference on Bio-Inspired Computing: Theories Applications, 2011: 9-14.
[195] L. Bao, J. C. Zeng. Comparison and Analysis of the Selection Mechanism in the Artificial Bee Colony Algorithm[C]//Proceedings of the 9th International Conference on Hybrid Intelligent Systems, 2009: 411-416.
[196] M. S. Alam, M. W. Ul Kabir, M. M. Islam. Self-Adaptation of Mutation Step Size in Artificial Bee Colony Algorithm for Continuous Function Optimization[C]//Proceedings of 13th International Conference on Computer and Information Technology, 2010: 69-74.
[197] 毕晓君，王艳娇. 改进人工蜂群算法[J]. 哈尔滨工程大学学报，2012，33(1): 117-123.
[198] 刘勇，马良. 函数优化的蜂群算法[J]. 控制与决策，2012，27(6): 886-890.
[199] 罗钧，肖向海，付丽，等. 基于分段搜索策略的改进蜂群算法[J]. 控制与决策，2012，27(9): 1402-1410.
[200] Q. K. Pan, M. Fatih Tasgetiren, P. N. Suganthan, et al. A Discrete Artificial Bee Colony Algorithm for the Lot-Streaming Flow Shop Scheduling Problem[J]. Information Sciences, 2011, 181(12): 2455-2468.
[201] M. H. Kashan, N. Nahavandi, A. H. Kashan. DisABC: A New Artificial Bee Colony Algorithm for Binary Optimization[J]. Applied Soft Computing, 2012, 12(1): 342-352.

[202] 王志刚，尚旭东，夏慧明，等. 多搜索策略协同进化的人工蜂群算法[J]. 控制与决策，2018，2 (33): 235-241.

[203] B. Akay, D. Karaboga. Parameter Tuning for The Artificial Bee Colony Algorithm[C]//Proceedings of the 1st International Conference on Computational Collective Intelligence: Semantic Web, Social Networks and Multiagent Systems, LNAI 5796, 2009: 608-619.

[204] A. Aderhold, K. Diwold, A. Scheidler, et al. Artificial Bee Colony Optimization: A New Selection Scheme and Its Performance[M]. Nature Inspired Cooperative Strategies for Optimization, Berlin: Springer, 2010: 283-294.

[205] P. Pansuwan, N. Rukwong, P. Pongcharoen. Identifying Optimum Artificial Bee Colony (ABC) Algorithm's Parameters for Scheduling the Manufacture and Assembly of Complex Products[C]//Proceedings of the 2nd International Conference on Computer and Network Technology, 2010: 339-343.

[206] Y. Marinakis, M. Marinaki, N. Matsatsinis. A Hybrid Discrete Artificial Bee Colony-Grasp Algorithm for Clustering[C]//Proceedings of the International Conference on Computers and Industrial Engineering, 2009: 548-553.

[207] S. Pulikanti, A. Singh. An Artificial Bee Colony Algorithm for the Quadratic Knapsack Problem[C]//Proceedings of the 16th International Conference on Neural Information Processing, LNCS 5864, 2009: 196-205.

[208] H. B. Duan, C. F. Xu, Z. H. Xing. A Hybrid Artificial Bee Colony Optimization and Quantum Evolutionary Algorithm for Continuous Optimization Problems[J]. International Journal of Neural Systems, 2010, 20(1): 39-50.

[209] X. H. Shi, Y. W. Li, H. J. Li, et al. An Integrated Algorithm Based on Artificial Bee Colony and Particle Swarm Optimization[C]//Proceedings of the 6th International Conference on Natural Computation, 2010, 5: 2586-2590.

[210] M. El-Abd. A Hybrid ABC-SPSO Algorithm for Continuous Function Optimization[C]//Proceedings of the IEEE Symposium on Swarm Intelligence, 2011: 1-6.

[211] 罗钧，樊鹏程. 基于遗传交叉因子的改进蜂群优化算法[J]. 计算机应用研究，2009，26(10): 3716-3717.

[212] R. K. Jatoth, A. Rajasekhar. Speed Control of PMSM by Hybrid Genetic Artificial Bee Colony Algorithm[C]//Proceedings of the IEEE International Conference on Communication Control and Computing Technologies, 2010: 241-246.

[213] J. Q. Li, Q. K. Pan, S. X. Xie. Flexible Job Shop Scheduling Problems by A Hybrid Artificial Bee Colony Algorithm[C]//Proceedings of the IEEE Congress on Evolutionary Computation, 2011: 78-83.
[214] T. K. Sharma, M. Pant. Shuffled Artificial Bee Colony Algorithm[J] . Soft Computing, 2017, 21(20): 6085-6104.
[215] T. K. Sharma, M. Pant. Differential Operators Embedded Artificial Bee Colony Algorithm[J]. International Journal of Applied Evolutionary Computation, 2011, 2(3): 1-14.
[216] A. Rajasekhar, M. Pant, A. Abraham. A Hybrid Differential Artificial Bee Algorithm Based Tuning of Fractional Order Controller for PMSM Drive[C]// Proceedings of the 3rd World Congress on Nature and Biologically Inspired Computing, 2011: 1-6.
[217] L. P. Wong, M. Y. H. Low, C. S. Chong. Bee Colony Optimization with Local Search for Traveling Salesman Problem[C]//Proceedings of the 6th IEEE International Conference on Industrial Informatics, 2008: 1019-1025.
[218] 丁海军，李峰磊. 蜂群算法在TSP问题上的应用及参数改进[J]. 中国科技信息，2008，3: 241-243.
[219] 胡中华，赵敏. 基于人工蜂群算法的TSP仿真[J]. 北京理工大学学报，2009，29(11): 978-982.
[220] D. Karaboga, B. Akay. Artificial Bee Colony (ABC) Optimization Algorithm on Training Artificial Neural Networks[C]//Proceedings of the 15th International Conference on Signal Processing and Communications Applications, 2007: 1-4.
[221] D. Karaboga, B. Akay, C. Ozturk. Artificial Bee Colony (ABC) Optimization Algorithm for Training Feed-Forward Neural Networks[C]//Proceedings of the 4th International Conference on Modeling Decisions for Artificial Intelligence, LNAI 4617, 2007: 318-329.
[222] D. Karaboga, C. Ozturk. Neural Networks Training by Artificial Bee Colony Algorithm on Pattern Classification[J]. Neural Network World, 2009, 19(3): 279-292.
[223] S. N. Omkar, J. Senthilnath. Artificial Bee Colony for Classification of Acoustic Emission Signal Source[J]. International Journal of Aerospace Innovations, 2009, 1(3): 129-143.
[224] C. Ozkan, O. Kisi, B. Akay. Neural Networks with Artificial Bee Colony Algorithm for Modeling Daily Reference Evapotranspiration[J]. Irrigation

Science, 2011, 29(6): 431-441.

[225] S. Parmaksizoglu, M. Alci. A Novel Cloning Template Designing Method by Using An Artificial Bee Colony Algorithm for Edge Detection of CNN Based Imaging Sensors[J]. Sensors, 2011, 11(5): 5337-5359.

[226] B. A. Garro, H. Sossa, R. A. Vázquez. Artificial Neural Network Synthesis by Means of Artificial Bee Colony (ABC) Algorithm[C]//Proceedings of the IEEE Congress on Evolutionary Computation, 2011: 331-338.

[227] H. Shah, R. Ghazali, N. M. Nawi. Using Artificial Bee Colony Algorithm for MLP Training on Earthquake Time Series Data Prediction[J]. Journal of Computing, 2011, 3(6): 135-142.

[228] 胡中华，赵敏. 基于人工蜂群算法的机器人路径规划[J]. 电焊机，2009，39(4): 93-96.

[229] C. F. Xu, H. B. Duan, F. Liu. Chaotic Artificial Bee Colony Approach to Uninhabited Combat Air Vehicle (UCAV) Path Planning[J]. Aerospace Science and Technology, 2010, 14(8): 535-541.

[230] D. Karaboga, C. Ozturk. A Novel Clustering Approach: Artificial Bee Colony (ABC) Algorithm[J]. Applied Soft Computing, 2011, 11(1): 652-657.

[231] D. Karaboga, B. Akay. A Modified Artificial Bee Colony (ABC) Algorithm for Constrained Optimization Problems[J]. Applied Soft Computing, 2011, 11(3): 3021-3031.

[232] 胡中华，赵敏，撒鹏飞. 基于人工蜂群算法的JSP的仿真与研究[J]. 机械科学与技术，2009，28(7): 851-856.

[233] 樊小毛，马良. 0-1背包问题的蜂群优化算法[J]. 数学的实践与认识，2010，40(6): 155-160.

[234] A. Singh. An Artificial Bee Colony Algorithm for the Leaf-Constrained Minimum Spanning Tree Problem[J]. Applied Soft Computing, 2009, 9(2): 625-631.

[235] S. Sundar, A. Singh. A Swarm Intelligence Approach to the Quadratic Minimum Spanning Tree Problem[J]. Information Sciences, 2010, 180(17): 3182-3191.

[236] M. Shokouhifar, S. Sabet. A Hybrid Approach for Effective Feature Selection Using Neural Networks and Artificial Bee Colony Optimization[C]//Proceedings of the 3rd International Conference on Machine Vision, 2010: 502-506.

[237] N. Suguna, K. G. Thanushkodi. An Independent Rough Set Approach Hybrid with Artificial Bee Colony Algorithm for Dimensionality Reduction[J].

American Journal of Applied Sciences, 2011, 8 (3): 261-266.
[238] 苗夺谦，李道国. 粗糙集理论、算法与应用[M]. 北京：清华大学出版社，2008.
[239] 张文修，吴伟志，梁吉业，等. 粗糙集理论与方法[M]. 北京：科学出版社，2001.
[240] S. Hackwood, G. Beni. Self-organization of Sensors for Swarm Intelligence [C]//Proceedings of the IEEE International Conference on Robotics and Automation, 1992: 819-829.
[241] E. Bonabeau, M. Dorigo, G. Theraulaz. Inspiration for Optimization from Social Insect Behaviour[J]. Nature, 2000, 406(6791): 39-42.
[242] D. E. Jackson, M. Holcombe. F. L. W. Ratnieks. Trail Geometry Gives Polarity to Ant Foraging Networks[J]. Nature, 2004, 432(7019): 907-909.
[243] 段海滨，张祥银，徐春芳. 仿生智能计算[M]. 北京：科学出版社，2011.
[244] M. Dash, H. Liu. Feature Selection for Classification[J]. Intelligent Data Analysis, 1997, 1(1-4): 131-156.
[245] Y. R. Hu, L. X. Ding, D. T. Xie, et al. The Setting of Parameters in An Improved Ant Colony Optimization Algorithm for Feature Selection[J]. Journal of Computational Information Systems, 2012, 8(19): 8231-8238.
[246] UCI Machine Learning Repository[DB/OL]. http://archive.ics.uci.edu/ml/datasets.html, 2018-6-6.
[247] Weka 3: Data Mining Software in Java[EB/OL]. http://www.cs.waikato.ac.nz/ml/weka/index.html, 2018-6-6.
[248] J. W. Grzymala-Busse. LERS-A System for Learning from Examples Based on Rough Sets[M]. Intelligent Decision Support-Handbook of Applications and Advances of the Rough Sets Theory. Dordrecht: Kluwer Academic Publishers, 1992: 3-18.
[249] Y. R. Hu, L. X. Ding, D. T. Xie, et al. MDABC: A Modified Discrete Artificial Bee Colony Algorithm Using Dynamic Neighborhood Search Strategy[J]. Journal of Convergence Information Technology, 2013, 8(3): 478-485.
[250] Y. R. Hu, L. X. Ding, D. T. Xie, et al. A Novel Discrete Artificial Bee Colony Algorithm for Rough Set-Based Feature Selection[J]. International Journal of Advancements in Computing Technology, 2012, 4(6): 295-305.
[251] H. R. Tizhoosh. Opposition-Based Learning: A New Scheme for Machine Intelligence[C]//Proceedings of the 2005 International Conference on

Computational Intelligence for Modelling, Control and Automation, 2005, 1: 695-701.

[252] S. Rahnamayan, H. R. Tizhoosh, M. M. A. Salama. Opposition-Based Differential Evolution[J]. IEEE Transaction on Evolutionary Computation, 2008, 12(1): 64-79.

[253] H. Wang, H. Li, Y. Liu, et al. Opposition-Based Particle Swarm Algorithm with Cauchy Mutation[C]//Proceedings of IEEE Congress on Evolutionary Computation, 2007: 4750-4756.

[254] M. El-Abd. Opposition-Based Artificial Bee Colony Algorithm[C]//Proceedings of the 13th Annual Conference on Genetic and Evolutionary Computation, 2011: 109-115.

[255] 胡玉荣，丁立新，谢大同，等. 采用渐变与突变机制的反向人工蜂群算法[J]. 武汉大学学报（理学版），2013，59(2): 123-128.

[256] S. F. Yuan, F. L. Chu. Fault Diagnostics Based on Particle Swarm Optimisation and Support Vector Machines[J]. Mechanical Systems and Signal Processing, 2007, 21(4): 1787-1798.

[257] F. Glover. Future Paths for Integer Programming and Links to Artificial Intelligence[J]. Computers And Operations Research, 1986, 13(5): 533-549.

[258] 石庆焱，秦宛顺. 个人信用评分模型及其应用[M]. 北京：中国方正出版社，2006.

[259] D. Durand. Risk Elements in Consumer Instalment Financing[M]. New York: National Bureau of Economic Research, 1941.

[260] L. C. Thomas. A Survey of Credit and Behavioural Scoring: Forecasting Financial Risk of Lending to Consumers[J]. International Journal of Forecasting, 2000, 16(2): 149-172.

[261] 向晖，杨胜刚. 个人信用评分关键技术研究的新进展[J]. 财经理论与实践，2011，32(172): 20-24.

[262] 姜明辉，许佩，仟潇，等. 个人信用评分模型的发展及优化算法分析[J]. 哈尔滨工业大学学报，2015，47(5): 40-45.

[263] C. L. Huang, M. C. Chen, C. J. Wang. Credit Scoring with A Data Mining Approach Based on Support Vector Machines[J]. Expert Systems with Applications, 2007, 33(4): 847-856.

[264] 孙瑾，许青松，陈燕燕. 基于遗传算法和支持向量机的银行个人信用评估[J]. 统计与决策，2008，(12): 126-128.

[265] L. G. Zhou, K. K. Lai, L. Yu. Credit Scoring Using Support Vector Machines with Direct Search for Parameters Selection [J]. Soft Computing, 2009, 13(2): 149-155.

[266] I. A. Gheyas, L. S. Smith. Feature Subset Selection in Large Dimensionality Domains[J]. Pattern Recognition, 2010, 43(1): 5-13.